U0790192

七彩数学

姜伯驹 主编

QICAISHUXUE

离散几何欣赏

宗传明 著

科学出版社

北京

内 容 简 介

本书是在一系列讲演的基础上扩展而成的，扼要介绍了离散几何领域中的一些著名问题和研究方向，如 Borsuk 猜想，Hadwiger 猜想，Kepler 猜想，Minkowski 猜想，堆积密度，堆积中的深洞，覆盖密度等.

本书着重突出思想背景，力求直观. 具有大学数学专业修养的人都能看懂.

图书在版编目(CIP)数据

离散几何欣赏/宗传明著.—北京：科学出版社，2009
(七彩数学/姜伯驹主编)
ISBN 978-7-03-023516-9

Ⅰ.离… Ⅱ.宗… Ⅲ.离散数学：几何学-普及读物 Ⅳ.O18-49

中国版本图书馆 CIP 数据核字(2009)第 185772 号

责任编辑：陈玉琢/责任校对：张小霞
责任印制：吴兆东/封面设计：王 浩

科学出版社出版
北京东黄城根北街 16 号
邮政编码：100717
http://www.sciencep.com
北京凌奇印刷有限责任公司印刷
科学出版社发行 各地新华书店经销
*
2009 年 1 月第 一 版 开本：A5(890×1240)
2024 年 6 月第六次印刷 印张：6
字数：84 000
定价：49.00 元
(如有印装质量问题，我社负责调换)

丛书序言

2002 年 8 月,我国数学界在北京成功地举办了第 24 届国际数学家大会. 这是第一次在一个发展中国家举办的这样的大会. 为了迎接大会的召开,北京数学会举办了多场科普性的学术报告会,希望让更多的人了解数学的价值与意义. 现在由科学出版社出版的这套小丛书就是由当时的一部分报告补充、改写而成.

数学是一门基础科学. 它是描述大自然与社会规律的语言,是科学与技术的基础,也是推动科学技术发展的重要力量. 遗憾的是,人们往往只看到技术发展的种种现象,并享受由此带来的各种成果,而忽略了其背后支撑这些发展与成果的基础科学. 美国前总统的一位科学顾问说过:“很少有人认识到,当前被如此广泛称颂的高科技,本质上是数学技术”.

在我国,在不少人的心目中,数学是研究古老难题的学科,数学只是为了应试才要学的一门学科. 造成这种错误印象的原因很多. 除了数学本身比较抽象,不易为公众所了解之外,还有学校教学中不适当的方式与要求、媒体不恰当的报道等等.但是,从我们数学家自身来检查,工作也有欠缺,没有到位.向社会公众广泛传播与正确解释数学的价值,使社会公众对数学有更多的了解,是我们义不容辞的责任.因为数学的文化生命的位置,不是积累在库藏的书架上,而应是闪烁在人们的心灵里.

20世纪下半叶以来,数学科学像其他科学技术一样迅速发展.数学本身的发展以及它在其他科学技术的应用,可谓日新月异,精彩纷呈.然而许多鲜活的题材来不及写成教材,或者挤不进短缺的课时.在这种情况下,以讲座和小册子的形式,面向中学生与大学生,用通俗浅显的语言,介绍当代数学中七彩的话题,无疑将会使青年受益.这就是我们这套丛书的初衷.

这套丛书还会继续出版新书,我们诚恳地邀请数学家同行们参与,欢迎有合适题材的同志踊跃投稿.这不单是传播数学知识,也是和年轻人分享自己的体会和激动.当然,我们的水平有限,未必能完全达到预期的目标.丛书中的不当之处,也欢迎大家批评指正.

姜伯驹

2007年3月

前　言

离散几何(Discrete Geometry)主要研究 n 维欧氏空间中的一些基本且直觉的问题,如 Kepler 猜想、Newton-Gregory 问题、Borsuk 猜想和 Hadwiger 猜想等. 这一学科的经典部分是由 Minkowski 于 20 世纪初所创立的数的几何(Geometry of Numbers). 历史上许多著名数学家曾在这一领域做出过重要贡献,如 Kepler, Newton, Gauss, Dirichlet, Hermite, Zolotarev, Minkowski, Blichfeldt, Borsuk, Hadwiger, Siegel, Mahler, Coxeter, Hlawka, Rogers, L. Fejes Tóth, Grünbaum 和 Lovász 等. 这一学科不仅与许多其他数学分支,如数论、组合、图论、群论和优化理论等有着密切的联系,也在编码理论和晶体结构理论等实用学科中具有重要应用.

约半个世纪以前,华罗庚先生曾倡导数的几何在我国的研究. 因为它不仅本身重要,而且还对丢番图逼近和超越数论等学科具有重要应用,更是连接经典几何与数论之间的一个桥梁.

本书是作者在剑桥大学、伦敦大学、柏克利数学研究所、微软研究院、华盛顿大学、法国高等研究院、苏黎世高等理工学院、Oberwolfach 数学研究所、柏林工业大学、Magdeburg 大学、维也纳科学技术大学、京都数理研究所、九州大学、匈牙利科学院数学研究所和西班牙 Alicante 大学等地的一系列演讲翻译扩展而成的. 它简要介绍了这一学科中的一些热点问题,如 Borsuk 猜想、Hadwiger 猜想、堆积密度问题、覆盖密度问题、香肠猜想、Minkowski 猜想和 Keller 猜想等. 这本小册子不以详细介绍数学证明为目的,而是以突出新奇的思想方法和重要的研究问题为宗旨. 同时,通过尽量多的图形、实例和一些著名数学家的简介来反映这一学科的丰富内涵和发展历史. 希望读者通过这些专题能了解并欣赏这一学科,更希望年轻学子们能对一些著名问题感兴趣,从而在这一领域做出贡献.

多年来,我的研究工作受到国家杰出青年基金、973 项目(数学机械化)和北京大学 985 项目的资助以及国内外许多前辈数学家的支持和鼓励. 本书是在冯克勤先生和李忠先生的盛情约稿下完成的,在此深表感谢.

宗传明

2008 年 5 月于北京大学

基本符号

E^n:n 维欧氏空间.

$\sharp\{X\}$:集合 X 中元素的个数.

K:一个 n 维凸体.

C: 一个中心对称的 n 维凸体.

B^n:一个以坐标原点为中心的 n 维单位球.

I^n:一个以坐标原点为中心的 n 维单位立方体.

$\partial(K)$:凸体 K 的表面.

$\mathrm{int}(K)$:凸体 K 的内部.

$v_i(X)$:集合 X 的 i 维测度. 特别地,$v(X)$表示 X 的体积.

ω_n:n 维单位球的体积.

Λ:一个 n 维的格.

$\mathrm{conv}\{X\}$:集合 X 的凸包.

$h(K)$:凸体 K 的 Hornich 数.

$\alpha(K)$:凸体 K 的 Newton 数.

$\beta(X)$:集合 X 的 Borsuk 数.

$\gamma(K)$:凸体 K 的 Hadwiger 数.

$\delta(K)$:凸体 K 的最大堆积密度.

$\delta^*(K)$：凸体 K 的最大格堆积密度.

$\theta(K)$：凸体 K 的最小覆盖密度.

$\theta^*(K)$：凸体 K 的最小格覆盖密度.

$\varphi(C)$：中心对称凸体 C 在堆积中的最佳洞深.

$\tau(K)$：凸体 K 的 blocking 数.

$l(K)$：凸体 K 的 L. Fejes Tóth 数.

τ_n：将一个 n 维立方体剖分成单纯形所需的最小个数.

目　　录

1 凸体与格

假设 $e_1, e_2, \cdots, e_n$ 是 n 维欧氏空间 E^n 的一组标准正交基. 也就是说,它们满足

$$\langle e_i, e_j \rangle = \begin{cases} 1, & i = j, \\ 0, & i \neq j, \end{cases}$$

其中,$\langle x, y \rangle$表示向量 x 和 y 的内积. 这时,E^n 中的每一点 x 都能唯一地表示为

$$x = x_1 e_1 + x_2 e_2 + \cdots + x_n e_n,$$

其中,x_i 被称为 x 的第 i 个坐标,通常记为

$$x = (x_1, x_2, \cdots, x_n).$$

这时,两点 x 和 y 之间的距离可以定义为

$$\| x, y \| = \left(\sum_{i=1}^{n} (x_i - y_i)^2 \right)^{1/2}.$$

定义 1.1 假设 X 是 E^n 的一个子集. 如果

对其中的任意两点 x 和 y 以及任意满足 $0<\lambda<1$ 的实数 λ 都有

$$\lambda x+(1-\lambda)y\in X\ ,$$

那么称其为一个凸集. 另外,如果它还是一个具有内点的紧集,则称其为一个凸体.

作为一个几何性质,凸意味着如果两点属于该集合,那么连接这两点的整条线段都属于该集合. 例如,图 1.1 的(a)和(b)是凸的,(c)则不是.

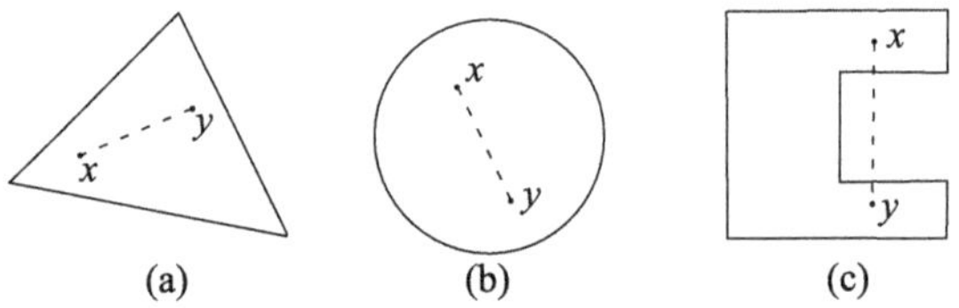

图 1.1

容易验证,n 维空间中的单位球

$$B^n=\left\{x\in E^n:\sum_{i=1}^{n}x_i^2\leqslant 1\right\}$$

和单位立方体

$$I^n=\{x\in E^n:|x_i|\leqslant\frac{1}{2},\ i=1,\ 2,\ \cdots,n\}$$

都是中心对称①的凸体. 另外,如果 $x_1,x_2,\cdots,$

---

① 顾名思义,称点集 X 是中心对称的,如果存在一个点 $c\in E^n$,使得对任一 $x\in X$ 都有 $2c-x\in X$.

x_{n+1}是 $n+1$ 个不共面的点，那么

$$S=\left\{\sum\lambda_i x_i:\lambda_i\geqslant 0,\sum\lambda_i=1\right\}$$

也是一个凸体,称为一个 n 维单纯形. 通常称

$$\mathrm{conv}\{X\}=\left\{\sum\lambda_i x_i:\lambda_i\geqslant 0,\sum\lambda_i=1,\ x_i\in X\right\}$$

为集合 X 的凸包. 换句话说,凸包是包含该集合的最小凸集. 例如,三角形就是它的 3 个顶点的凸包,而圆盘则是它的边界圆周的凸包.

为了方便,在今后的论述中用 K 表示一个 n 维凸体,用 $v(K)$表示它的体积,用 C 表示一个中心对称的 n 维凸体.

关于凸体有许多既重要又有意思的结论，在这里介绍两个作为例子.

Helly 定理 假设 F 是 E^n 中的一族凸体. 如果其中的任意 $n+1$ 个凸体都有公共点,那么

$$\bigcap_{K\in F}K\neq\varnothing.$$

证明思路 零维(只有一个点)的情况是显然的. 假设该定理在 E^{n-1}是正确的,进而证明它在 E^n 也是正确的.

用反证法. 如果 F 有一个子集合 G 和一个凸体 K_0 同时满足

$$\bigcap_{K\in G}K=B\neq\varnothing$$

和

$$\left(\bigcap_{K\in G}K\right)\cap K_0=\varnothing.$$

容易看出,B 一定是一个凸集合. 这时由凸集合的基本性质一定存在一个超平面 H 将 K_0 和 B 严格分开.

假设 $K_1,K_2,\cdots,K_n$ 是 G 中的任意 n 个凸体,由上述假设可得

$$B\subseteq\bigcap_{i=1}^{n}K_i,$$

$$\bigcap_{i=0}^{n}K_i\neq\varnothing,$$

进而

$$\bigcap_{i=1}^{n}(H\cap K_i)\neq\varnothing.$$

事实上,如果 $x\in\bigcap_{i=0}^{n}K_i$,那么

$$H\cap\operatorname{conv}\{x,B\}\subseteq\bigcap_{i=1}^{n}(H\cap K_i).$$

这样,由归纳假设可以导出

$$\bigcap_{K\in G}(H\cap K)\neq\varnothing.$$

显然,它与 H 将 K_0 和 B 严格分开相矛盾. Helly 定理得证.

注 1.1 从图 1.2 及其高维推广可以看出 Helly 定理中的 $n+1$ 是最佳的.

注 1.2 这一定理不仅与著名的 Carathé-

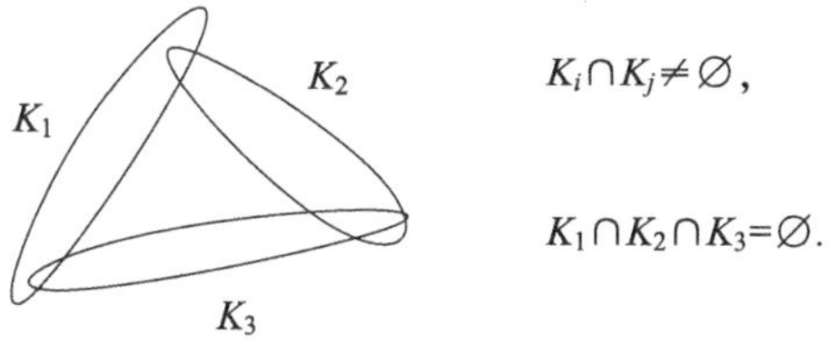

图 1.2

odory 定理①以及 Radon 定理②等价,并有许多重要的推广和应用. 例如,Bárány, Katchalski 和 Pach 曾证明了如下推广:假设 F 是 E^n 中的一个由有限个凸体组成的集合. 如果 F 中的任意 $2n$ 个凸体的交集的体积都不小于 1,那么 F 中的所有凸体的交集的体积一定不小于 n^{-n^2}. 相关参见文献(Danzer et al., 1963; Eckhoff, 1993).

注 1.3 E. Helly (1884～1943),奥地利数学家,曾任维也纳大学讲师,后移民美国. 生前仅发表 6 篇数学论文,没有得到应有的学术

---

① **Carathéodory 定理** 如果 X 是 E^n 的一个非空集合,那么

$$\operatorname{conv}\{X\} = \left\{ \sum_{i=1}^{n+1} \lambda_i x_i : \lambda_i \geqslant 0, \sum_{i=1}^{n+1} \lambda_i = 1,\ x_i \in X \right\}.$$

② **Radon 定理** 假设 X 是 E^n 中至少含 $n+2$ 个点的一个集合,那么 X 一定有两个子集 X_1 和 X_2 同时满足

$$X_1 \cap X_2 = \varnothing \text{ 和 } \operatorname{conv}\{X_1\} \cap \operatorname{conv}\{X_2\} \neq \varnothing.$$

地位和荣誉. 后来,由他首先发现并以他的名字命名的 Helly 定理被许多著名数学家进一步地推广和应用,成为组合几何学中的一颗明珠.

接下来介绍 John 定理. 首先观察一个例子.

例 1.1 假设 T 是一个三角形,如图 1.3(a)所示一定可以找到一个椭圆 E 满足[①]

$$E \subseteq T \subseteq 2E.$$

如果 P 是一个平行四边形,那么如图 1.3(b)所示总可以找到一个椭圆 E^* 满足

$$E^* \subseteq P \subseteq \sqrt{2}E^*,$$

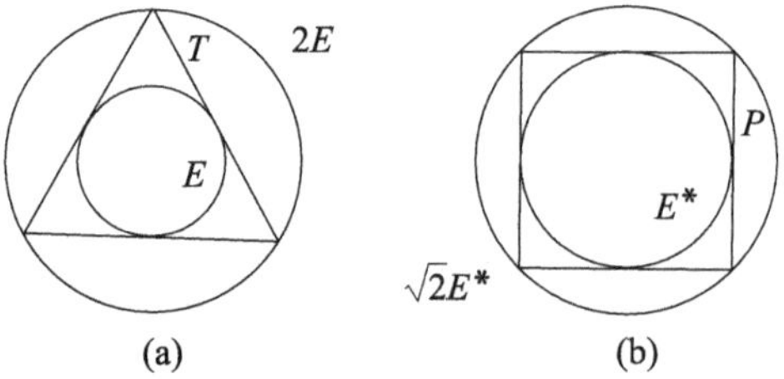

图 1.3

基于这一观察,自然会问:是否每一个凸体都会夹在两个成适当比例的椭球之间? 实际上,有如下结论:

① λE 表示与 E 同心且放大 λ 倍的椭圆.

John 定理 对每一个 n 维凸体 K 都有一个相应的椭球 E 满足

$$E \subseteq K \subseteq nE.$$

对每一个中心对称的 n 维凸体 C 都有一个相应的椭球 E^* 满足

$$E^* \subseteq C \subseteq \sqrt{n}E^*.$$

注 1.4 取 K 为一个 n 维单纯形，C 为一个 n 维立方体. 可以验证定理中的两个常数 n 和 $\sqrt{n}$ 都是最佳的. 这一结论不仅是凸几何与离散几何的一个基本定理，也是 Banach 空间的几何理论的基石之一. 它的证明并不太难. 感兴趣的读者可以参见文献(Zong,1996).

用 $\mathbb{Z}$ 表示所有整数构成的集合. 接下来介绍离散几何中另一个重要概念——格(lattice). 事实上，它是整数系统在高维空间的一个自然推广，是由 Gauss 引进的.

定义 1.2 假设 $a_1, a_2, \cdots, a_n$ 是 E^n 中 n 个线性无关的向量，称

$$\Lambda = \{z_1a_1 + z_2a_2 + \cdots + z_na_n : z_i \in \mathbb{Z}\}$$

为一个格. 集合 $\{a_1, a_2, \cdots, a_n\}$ 称为 Λ 的一个基.

注 1.5 从几何的角度看,格是非常有规律的离散点集合,在 n 个线性无关的方向上具有周期性. 从代数的角度看,格是具有 n 个生成元的自由 Abel 群. 显然,

$$\mathbb{Z}^n = \{(z_1, z_2, \cdots, z_n): z_i \in \mathbb{Z}\}$$

是一个格. 在欧氏平面 E^2 中,格总可以用图 1.4 表示.

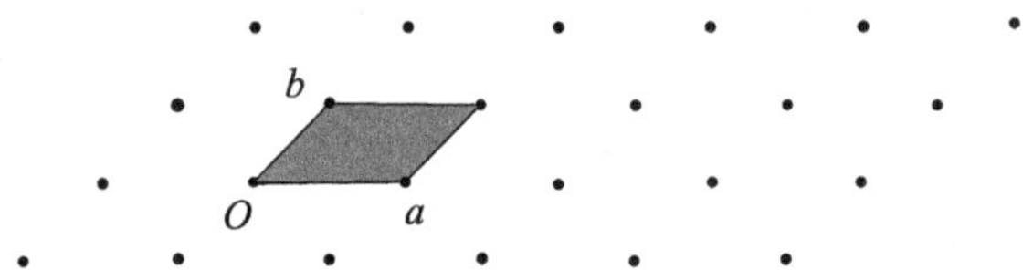

图 1.4

如果 $\{a_1, a_2, \cdots, a_n\}$ 是 Λ 的一个基,称

$$P = \{\lambda_1 a_1 + \lambda_2 a_2 + \cdots + \lambda_n a_n: 0 \leqslant \lambda_i \leqslant 1\}$$

为 Λ 的一个基本体. 假设 $a_i = (a_{i1}, a_{i2}, \cdots, a_{in})$,那么 P 的体积可以通过下面行列式的绝对值计算:

$$v(P) = \left\| \begin{matrix} a_{11} & a_{12} & \cdots & a_{1n} \\ a_{21} & a_{22} & \cdots & a_{2n} \\ \vdots & \vdots & & \vdots \\ a_{n1} & a_{n2} & \cdots & a_{nn} \end{matrix} \right\|.$$

注 1.6 每个格都有许多不同的基和相应

的基本体. 如果$\{u_1, u_2, \cdots, u_n\}$和$\{v_1, v_2, \cdots, v_n\}$是一个格的两个基,那么总可以找到一个$n\times n$的整系数幺矩阵$U$满足

$$u_i = v_i U.$$

另外,一个格的所有基本体都有相同的体积,记为$d(\Lambda)$.

凸体和格是数的几何和离散几何领域中最基本的两个概念. 下面要介绍的定理反映了这两个概念之间的一个深刻关系,也是数的几何这一学科中最重要的结论之一. 为了叙述方便,用$\sharp\{X\}$表示X中点的个数.

Minkowski 基本定理 假设C是一个以原点为中心的n维对称凸体,Λ是一个格. 如果

$$v(C) \geqslant 2^n d(\Lambda),$$

那么

$$\sharp\{C \cap \Lambda\} \geqslant 3.$$

证明思路 只证明二维的情况,高维情况的证明原理完全类似. 用反证法. 假设C是一个以原点为中心的二维对称凸体,Λ是一个格,它们满足

$$v(C) \geqslant 2^2 d(\Lambda) \qquad (1.1)$$

和

$$\#\{C \cap \Lambda\} = 1. \tag{1.2}$$

这时,由(1.2)和凸体的一些基本性质可以导出

$$\left(\frac{1}{2}C + x\right) \cap \left(\frac{1}{2}C + y\right) = \varnothing$$

对 Λ 的任意两个不同的点 x 和 y 都成立. 换句话说,$\frac{1}{2}C+\Lambda$ 是一个格堆积,如图 1.5 所示.

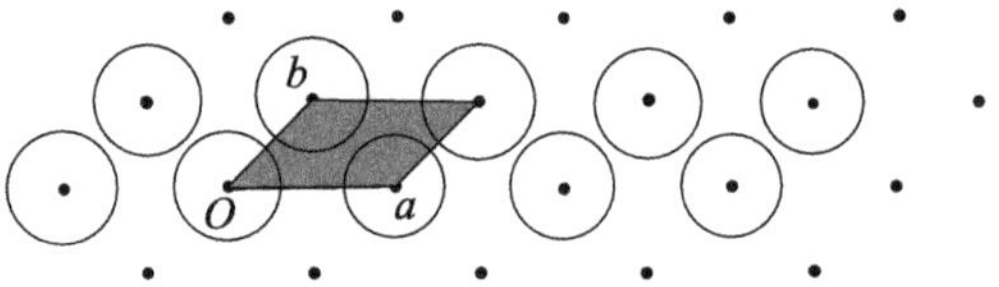

图 1.5

通常,一个堆积 $K+\Lambda$ 所占空间与整个空间的比例被称为该堆积的密度[①]. 显然它比 1 小. 另一方面,因为格堆积具有很好的周期性,该密度可以表示为 $v\left(\frac{1}{2}C\right)/d(\Lambda)$. 这样得到

$$\frac{v\left(\frac{1}{2}C\right)}{d(\Lambda)} = \frac{v(C)}{2^2 d(\Lambda)} < 1.$$

换句话说,可以导出

$$v(C) < 2^2 d(\Lambda),$$

① 详细定义见第 7 章.

与假设(1.1)矛盾. 二维的情形得证.

Minkowski 基本定理在经典数论、丢番图逼近和代数数论中都有重要应用(有兴趣的读者可参见文献(Gruber et al., 1987)). 它不仅可以导出许多丢番图逼近的基本结果,甚至可以导出如下著名定理:

Fermat-Lagrange 定理 每一个自然数都可以表示成 4 个整数的平方和.

证明思路 容易验证(Euler 恒等式),

$$
\begin{aligned}
&(a^2+b^2+c^2+d^2)(e^2+f^2+g^2+h^2)\\
=&(ae+bf+cg+dh)^2+(af-bd-ch-dg)^2\\
&+(ag-bh-ce-df)^2+(ah-bg-cf-de)^2.
\end{aligned}
$$

所以只需证明奇素数的情况.

假设 p 是一个奇素数. 通过比较

$$\left\{0,1^2,\cdots,\left(\frac{p-1}{2}\right)^2\right\}$$

和

$$\left\{-1-0,-1-1^2,\cdots,-1-\left(\frac{p-1}{2}\right)^2\right\},$$

容易看出

$$x^2\equiv -1-y^2 \pmod p$$

一定有非零解$(x,y)=(a,b)$. 也就是说,存在两个整数 $0\leqslant a,\ b\leqslant\frac{p-1}{2}$满足

$$a^2+b^2+1\equiv 0 \pmod{p}. \qquad (1.3)$$

这时取 $a_1=(1, 0, a, -b)$，$a_2=(0, 1, b, a)$，$a_3=(0, 0, p, 0)$和 $a_4=(0, 0, 0, p)$，并且定义格

$$\Lambda=\left\{\sum z_i a_i: z_i\in\mathbb{Z}\right\}.$$

容易验证

$$d(\Lambda)=p^2.$$

所以由 Minkowski 基本定理可以导出在半径为 $\frac{\sqrt[4]{2^5}\sqrt{p}}{\sqrt{\pi}}$ 的四维球①中必有 $\Lambda\backslash\{o\}$ 的一个点

$$\begin{aligned} q &= \sum z_i a_i \\ &= (z_1, z_2, az_1+bz_2+pz_3, \\ &\quad -bz_1+az_2+pz_4). \end{aligned}$$

换句话说，

$$\begin{aligned} & z_1^2+z_2^2+(az_1+bz_2+pz_3)^2 \\ & +(-bz_1+az_2+pz_4)^2 \\ & \leqslant \frac{4\sqrt{2}p}{\pi}<2p. \end{aligned} \qquad (1.4)$$

为了叙述方便，记(1.4)左边所表示的整数为 k.

---

① n 维单位球的体积为 $w_n=\frac{\pi^{n/2}}{\Gamma(n/2+1)}$，其中，$\Gamma(x)$为 Gamma 函数.

容易验证

$$\begin{aligned}&(az_1+bz_2)^2+(-bz_1+az_2)^2\\&=(a^2+b^2)(z_1^2+z_2^2).\end{aligned}$$

所以,由(1.3)得到

$$\begin{aligned}k&\equiv z_1^2+z_2^2+(az_1+bz_2)^2+(-bz_1+az_2)^2\\&=(z_1^2+z_2^2)(1+a^2+b^2)\\&\equiv 0(\mathrm{mod}p).\end{aligned}$$

由 $q\neq o$,(1.4)和上式容易得出 $k=p$. 所以由 k 的定义可知 p 可以表示为 4 个整数的平方和. 定理得证.

注 1.7 这一结论曾由 Fermat 所猜测. 它的第一个证明是由 Lagrange 发现的. 后来, Euler, Cauchy 和 Jacobi 等又给出了不同的证明. 这里所介绍的证明是由 Davenport 发现的. 另外,可以验证 7 不能表示为 3 个整数的平方和. 所以,这一定理是最佳的. 它是经典数论中最著名的结论之一.

注 1.8 H. Minkowski (1864～1909)是历史上最著名的数学天才之一. 他 17 岁就获得法国科学院的大奖,曾任波恩大学、哥尼斯堡大学、苏黎世高等理工学院和哥廷根大学教授. 虽英年早逝, 却奠定了数的几何的基础,并以

Minkowski 基本定理、Minkowski 第二定理、Minkowski 度量、Minkowski 空间、Minkowski-Hlawka 定理和 Brunn-Minkowski 不等式等经典结论和理论而名垂数学的历史. 另外,他对相对论也有重要贡献.

2 Borsuk 猜想

假设 X 是 n 维欧氏空间中的一个有界集合,并且定义它的通径(diameter)为

$$d(X) = \sup\{\| x,y \| : x,y \in X\},$$

其中,$\| x,y \|$ 表示 x 和 y 之间的欧氏距离.

显然,对单位圆盘有

$$d(B^2) = 2.$$

这时可以将 B^2 分成 3 块 X_1,X_2 和 X_3(图 2.1)满足

$$d(X_i) < 2.$$

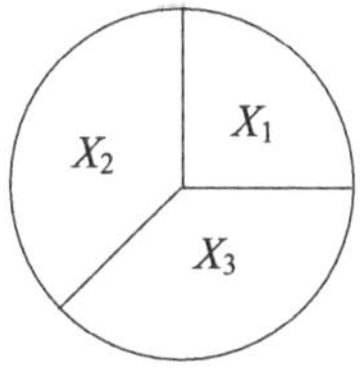

图 2.1

确切地讲,经过简单计算,它可以被分成 3 块 X_1,X_2 和 X_3 满足

$$d(X_i) \leqslant \frac{\sqrt{3}}{2} d(B^2).$$

另一方面,容易看出:单位圆盘的一个闭子集的通径小于 2 当且仅当它不含有对径点,所以单位圆盘不可能被分成两块使得每块的通径都小于 2.

类似地,可以证明如下结论:

B^n 可以被分成 $n+1$ 个通径都小于 2 的子集,但却不能分成 n 个这样的子集.

假设 K 是一个具有光滑表面且包含坐标原点作为一个内点的 n 维凸体. 也就是说,它的每一个边界点都有唯一的一个切平面. 像往常一样,用 $\partial(K)$ 来表示 K 的边界. 假设 $x \in \partial(K)$, $H(x)$ 是 K 在 x 点的切平面, $u(x)$ 是该平面的外单位法向量(图 2.2). 显然,

$$x \to u(x)$$

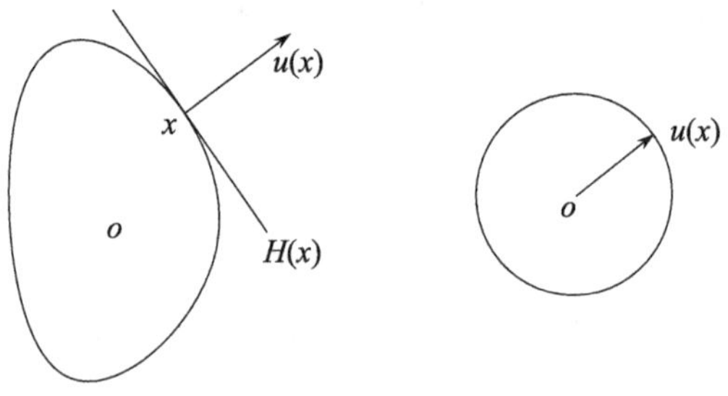

图 2.2

定义了$\partial(K)$到 $\partial(B^n)$的一个满射,记为 $f(x)$.

如果$\partial(B^n)$可以被分成 $n+1$ 个通径都小于 2 的子集 $X_1, X_2, \cdots, X_{n+1}$,且定义

$$Y_i = \mathrm{conv}\{(o,\ f^{-1}(X_i))\}.$$

容易验证,如果 $x, y \in \partial(K)$满足

$$\| x, y \| = d(K),$$

那么一定有

$$u(x) = -u(y).$$

由此可以导出

$$d(Y_i) < d(K)$$

以及

$$K = \bigcup_{i=1}^{n+1} Y_i.$$

这样就证明了

定理 2.1 每一个具有光滑表面的 n 维凸体 K 都可以被分成 $n+1$ 个通径都小于 $d(K)$ 的子集.

对于一般集合,早在 1932 年波兰著名数学家 K. Borsuk 在苏黎世举行的世界数学家大会上作了如下猜想:

Borsuk 猜想 n 维欧氏空间中的每一个有界集合都可以被分为 $n+1$ 块,使得每一块的通径都比原集合的通径小.

用$\beta(X)$表示能将X分解成通径小于$d(X)$的子集的最小个数. 这时 Borsuk 猜想可以重述为

$$\beta(X) \leqslant n+1$$

对n维空间中的所有有界集合X都成立.

现在,扼要介绍一下二维情形的证明思路. 为了方便,用$\overline{X}$表示X的闭包. 容易看出

$$d(X)=d(\overline{X})=d(\mathrm{conv}(X)).$$

所以,对 Borsuk 猜想来说只需研究凸体即可.

假设K为E^2中的一个凸区域,u为一个单位向量并用$w(u)$表示K在u方向的宽度,如图2.3所示.

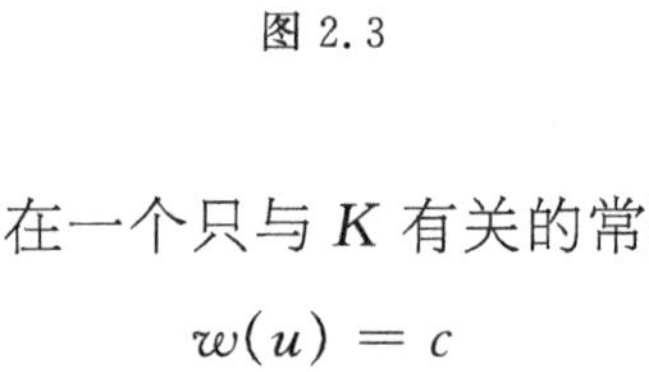

图 2.3

如果存在一个只与K有关的常数c,使得

$$w(u)=c$$

对所有的单位方向都成立,就称K为一个等宽体(convex body of constant width). 例如,图2.4中的两个凸域都是等宽体.

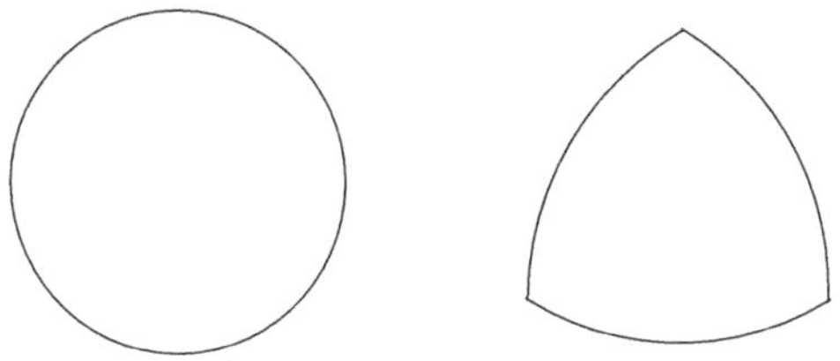

图 2.4

可以证明(这是凸几何中的一个基本结果),对每一个凸体 K 都可以找到一个相应的等宽体 K^* 同时满足

$$K \subseteq K^*$$

和

$$d(K) = d(K^*).$$

所以,要在 E^2 中证明 Borsuk 猜想只需讨论等宽体即可.

假设 K 是一个等宽区域并假设 I, II 和 III 是 K 的三对平行切线,每两对之间的夹角都是 $2\pi/3$,如图 2.5 所示.

通过转动 I 并利用连续性,可以证明:

存在一个对边距离为 $d(K)$ 的正六边形 H 满足 $K \subseteq H$.

这时很容易将 H 分成 3 块 Y_1, Y_2 和 Y_3,使得

$$d(Y_i) = \frac{\sqrt{3}}{2} d(K).$$

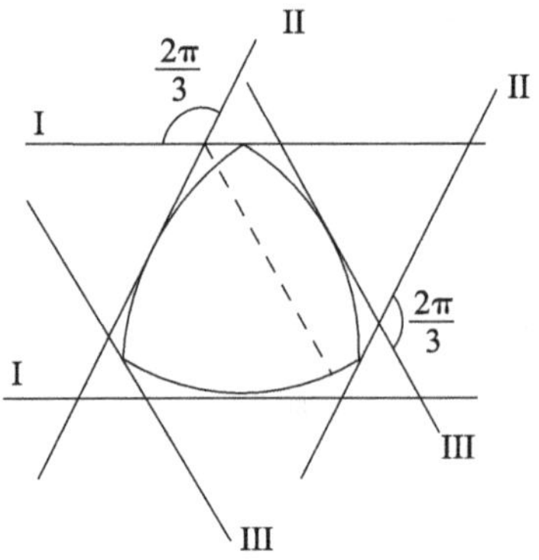

图 2.5

这样就证明了 Borsuk 猜想的二维情形，也就是如下定理：

定理 2.2 每一个二维的有界集合 X 都可以分解为 3 个集合 X_1, X_2 和 X_3 满足

$$d(X_i) < d(X).$$

事实上，更精确地说，前面已证明了如下结论：

定理 2.2* 每一个二维的有界集合 X 都可以分解为 3 个集合 X_1, X_2 和 X_3 满足

$$d(X_i) \leqslant \frac{\sqrt{3}}{2} d(X),$$

其中，常数 $\sqrt{3}/2$ 是最佳的.

通过类似的思路，也可以证明 Borsuk 猜想的三维情形. 当然，可想而知，具体细节要困难

得多.

定理 2.3 每一个三维的有界集合 X 都可以分解为 4 个集合 X_1, X_2, X_3 和 X_4 满足

$$d(X_i) < d(X).$$

证明思路 假定 $d(X)=1$. 早在 1953 年, Gale 就证明了如下结论:

每一个通径为 1 的 n 维集合都能被嵌入到一个边长不大于

$$\left(\frac{n(n+1)}{2}\right)^{1/2}$$

的正规单纯形中.

这是非常本质和艰难的一步,通常称为 Gale 引理. 作为这一引理的特例, X 可以被嵌入到一个边长为$\sqrt{6}$的正四面体中. 如图 2.6 所

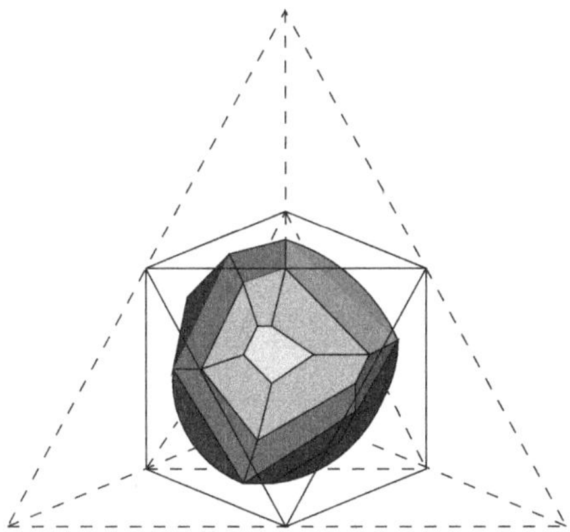

图 2.6

示,由于 $d(X)=1$,可以切掉 4 个分别包含一个顶点的小四面体从而得到一个包含 X 的正八面体.

更进一步,还可以从以上正八面体切掉 3 个适当的棱锥从而得到一个包含 X 的如图 2.7 中形状的多面体.

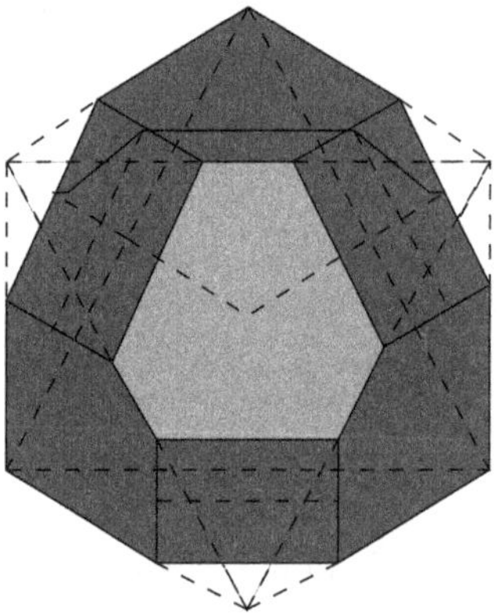

图 2.7

可以证明,这一多面体能被分解成 4 块且每一块的通径都小于 1. 证毕.

注 2.1 这一定理首先是由 Perkal 于 1947 年证明的. 后来, Eggleston, Grünbaum, Heppes 等又给出了简化证明和定量改进. 所谓的定量改进是指寻求最小的 $c<1$,使得每块的通径都不大于 c. 这里所介绍的思路是 Grünbaum

发现的. 对证明细节感兴趣的读者可以参见(Zong,1996).

注 2.2 B. Grünbaum (1929～),生于前捷克斯洛伐克的美国著名几何学家. 他于 1958 年在耶路撒冷大学获得博士学位,曾任耶路撒冷大学、加州大学洛杉矶分校和华盛顿大学(西雅图)教授,至今共发表论著 200 余篇. 他(与合作者)于 1963 年发表在 *Proc. Symposia in Pure Mathematics* 第 7 卷中的 3 篇综述文章极大地影响了凸几何与离散几何在过去 40 年的发展.

关于定理 2.3 的定量改进,有如下猜想:

Gale 猜想 每一个有界的三维集合 X 都可以被分成 4 个子集合 X_1, X_2, X_3 和 X_4 满足

$$d(X_i) \leqslant \sqrt{(3+\sqrt{3})/6}\, d(X).$$

尽管有许多正面的部分结果,由于难以在维数上突破人们转而努力寻求高维的反例. 1981 年,Larman 提出了如下问题:

问题 2.1 假设 A 是$\{1, 2, \cdots, n\}$的一族任意两个都至少有 k 个公共元素的子集,那么 A 一定能被分成 n 个子族,使得每一个子族中的任意两个集合都至少有 $k+1$ 个公共元素吗?

尽管 Borsuk 猜想和 Larman 问题在形式上

大相径庭,实际上它们是密切相关的. 可以证明,如果 Larman 问题的答案是肯定的,那么 Borsuk 猜想就有反例. 基于 Larman 的工作, Kahn 和 Kalai 于 1993 年证实了 Borsuk 猜想在高维空间确实存在反例. 这一惊人的发现发表在 *Bull. Amer. Math. Soc.* **29**(1993), 60～62,是那一年最轰动的数学成就之一.

定理 2.4 (Kahn 和 Kalai) 存在 n 维有界集合 X 满足

$$\beta(X) \geqslant (1.203\cdots + o(1))^{\sqrt{n}}.$$

注 2.3 后来,许多人进一步改进了 Kahn 和 Kalai 的结果,如 Alon, Raigorodskii, Weiβbach, Hinrichs, Pikhurko, Richter 等. 迄今为止,已知道反例出现的最低维数是 298,但并不知道该猜想在 4 维到 297 维空间的结论. 值得强调的是最近的一些改进是基于一些特殊码的构造所取得的. 这一定理的证明并不算太复杂,感兴趣的读者可以参见文献(Zong,1996; Aigner et al., 1999).

前面曾提到,每一个有界集合 X 都存在一个相应的等宽凸体 $\hat{X}$,同时满足

$$X \subseteq \hat{X}$$

和

$$d(X)=d(\hat{X}),$$

所以可以导出

$$\beta(X)\leqslant\beta(\hat{X}).$$

通过估计 $\beta(\hat{X})$ 的上界，Schramm，Bourgain 和 Lindenstrauss 证明了如下结果：

定理 2.5 对每一个 n 维有界集合 X 有

$$\beta(X)\leqslant(1.5+o(1))^{\sqrt{n}}.$$

注 2.4 Borsuk 猜想与许多几何问题密切相关. 感兴趣的读者可以参见文献(Grünbaum, 1963; Raigorodskii, 2001; Boltyanski et al., 1997). 它在一般 Minkowski 空间的推广更是与第 3 章将要介绍的 Hadwiger 猜想有某些密切的关系.

注 2.5 K. Borsuk(1905～1981)，波兰著名拓扑学家，以 Borsuk-Ulam 定理著称，共发表了论著 200 余篇. 他曾任华沙大学和波兰科学院数学研究所的教授，是波兰科学院院士，也是华沙学派的奠基人之一.

3 Hadwiger 猜想

为方便起见,用 int(K)表示 K 的内部. 容易证明 I^2 可由 4 块 int (I^2)通过平移所覆盖.

你能用 3 块 int(I^2)覆盖 I^2 吗?

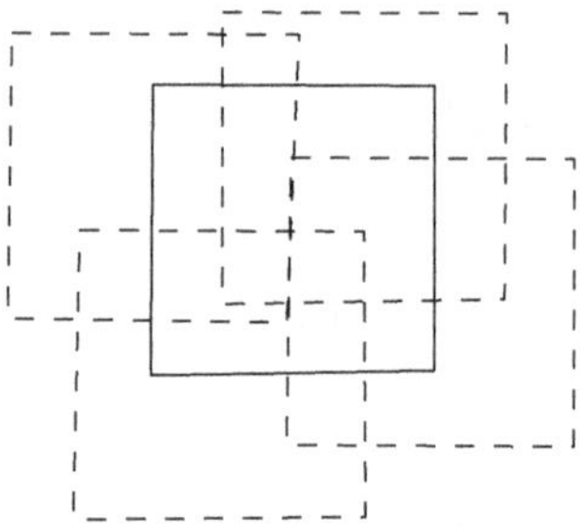

图 3.1

答案是否定的,因为每一块 int(I^2)都不能盖住 I^2 的 2 个顶点,所以 4 块是必需的(图 3.1). 实际上,单位正方形 I^2 可以被 4 块边长为 $\frac{1}{2}$的正方形所覆盖.

类似地，单位圆盘 B^2 可由 3 块 $\mathrm{int}(B^2)$ 通过平移所覆盖，如图 3.2 所示，却不能用 2 块所覆盖. 因为每一块 $\mathrm{int}(B^2)$ 都不能覆盖 B^2 的 2 个对径点，而且 $B^2 \backslash \{\mathrm{int}(B^2)+x\}$ 总有 2 个对径点. 有意思的是，单位圆盘却不能被 $\frac{1}{2}B^2$ 的 4 个平移所覆盖.

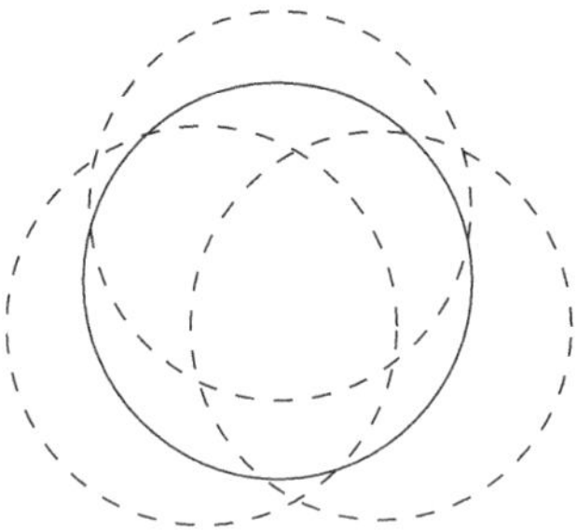

图 3.2

假设 K 是一个 n 维凸体，用 $\gamma(K)$ 表示通过 $\mathrm{int}(K)$ 的平移能将 K 覆盖的最小个数. 通常，$\gamma(K)$ 被称为 K 的 Hadwiger 覆盖数. 1955 年，Levi 证明了如下结果：

定理 3.1 假设 K 是一个二维凸区域，那么

$$\gamma(K)=\begin{cases}4, & K \text{ 是一个平行四边形},\\ 3, & \text{所有其他情况}.\end{cases}$$

完全类似于 I^2 的情形，还可以证明

$$\gamma(I^n)=2^n.$$

基于这些部分结果，1957 年 Hadwiger 提出了如下猜想（Gohberg 和 Markus 于 1960 年也独

立提出):

Hadwiger 猜想 对每一个 n 维凸体 K 都有

$$\gamma(K) \leqslant 2^n,$$

其中,等号成立当且仅当 K 是一个仿立方体①.

在介绍定理 3.1 的证明和其他部分结果之前,先介绍这一猜想的两个著名等价形式.

假设 $p \notin K$ 是一个点光源,x 是 K 的一个边界点. 用 $L(p,x)$表示过 p 和 x 的直线,并用$[p,x]$表示连接 p 和 x 的线段. 如果

$$L(p,x) \cap \operatorname{int}(K) \neq \varnothing$$

并且

$$\operatorname{int}(K) \cap [p,x] = \varnothing,$$

就称 x 被光源 p 所照耀. 显然,按照这一定义图 3.3 中的 y 和 z 都不能被 p 所照耀. 这时用 $\iota(K)$表示能够照耀 K 的整个表面所需光源的最少个数. 这一概念是由 Boltjanski 于 1960 年提出的. 尽管 $\gamma(K)$和 $\iota(K)$是两个看上去截然不同的概念,实际上在数量上它们两个是相等的.

---

① 单位正方体经过非奇异线性变换所得的几何体.

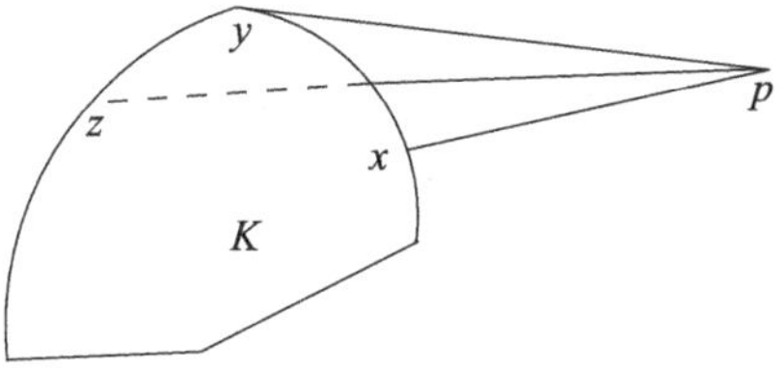

图 3.3

定理 3.2(Boltjanski)　对每一个凸体 K 都有

$$\gamma(K)=\iota(K).$$

证明思路　假设坐标原点 o 是 K 的一个内点，$x_1, x_2, \cdots, x_{\gamma(K)}$ 是满足如下条件的一组点：

$$K \subset \bigcup_{i=1}^{\gamma(K)} (\operatorname{int}(K)+x_i).$$

这时,可以证明当 λ 足够大时,点光源 λx_1, λx_2, $\cdots$, $\lambda x_{\gamma(K)}$ 可以照耀 K 的整个表面. 所以有

$$\iota(K) \leqslant \gamma(K). \tag{3.1}$$

反过来,假设 $p_1, p_2, \cdots, p_{\iota(K)}$ 是 $\iota(K)$ 个可以照耀$\partial(K)$的点光源. 可以证明当 ε 足够小时有

$$K \subset \bigcup_{i=1}^{l(K)} (\operatorname{int}(K)+\varepsilon p_i),$$

所以又得到了

$$\gamma(K) \leqslant \iota(K). \tag{3.2}$$

由(3.1)和(3.2)定理 3.2 得证.

注 3.1 由于光源可以任意远,为简单起见,有时就假定它们在无穷远,也就是平行光.

注 3.2 V. G. Boltjanski (1925～), 俄罗斯著名数学家. 他于 1951 年获莫斯科大学博士学位. 自 1955 年起,他曾任莫斯科大学和俄罗斯科学院 Steklov 数学研究所教授,曾获前苏联列宁奖,是俄罗斯科学院通讯院士. 他在拓扑、几何和优化控制理论都做出了许多重要贡献,共发表论著 200 余篇.

现在可以简要说明为什么定理 3.1 是正确的. 通过一些较深刻地分析讨论可以证明:

如果 K 不是一个平行四边形,则总能找到 K 的一个外切三角形 T,它的每条边都是 K 的某个边界点的唯一一条切线. 这时,如图 3.4 所示,很容易找到三组平行光线可以照到 K 的所有边界.

通过类似的方法,也可以很容易地证明如下结论:

定理 3.3 如果 n 维凸体 K 的边界是光滑的,那么

$$\gamma(K) = n + 1.$$

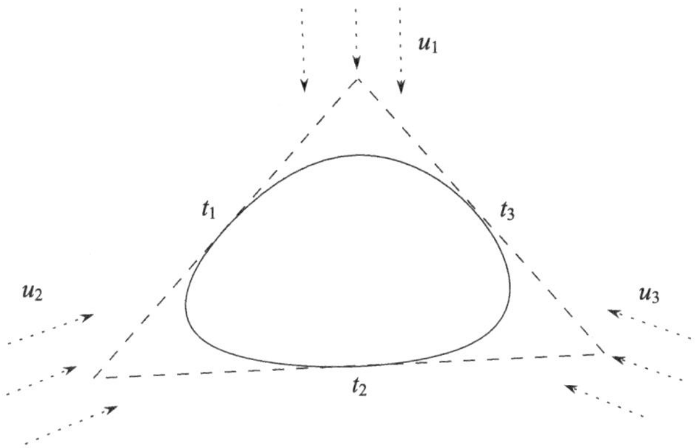

图 3.4

Hadwiger 猜想还有一个很自然的等价形式. 通常,称

$$K^* = \{x: \langle x, y\rangle \leqslant 1, y \in K\}$$

为 K 的对偶体. 这也是凸几何与离散几何中的一个重要概念. 容易证明,如果 K 是一个凸体,那么 K^* 也是一个凸体. 通常,称一个仿立方体的对偶体为一个 cross polytope. 特别地,一个正方形的对偶仍是一个正方形,一个三维立方体的对偶是一个正八面体.

如果 H 是 K 的一个切平面,那么称 $K \cap H$ 为 K 的一个面. 当然,一个凸体的面可以是 0 维的,也可以是 $n-1$ 维的. 假设 o 是 K 的一个内点,并假设最少需要$\omega(K)$个超平面[①]可以将K的每一个面与o完全分开.

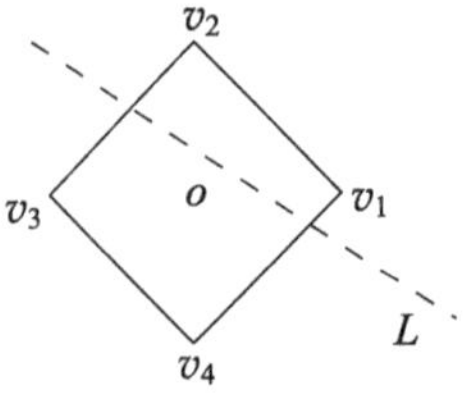

图 3.5

如图 3.5 所示,任何一条直线L都不能将坐标原点o和正方形的两条边完全分开. 由此可以导出

$$\omega(I^2) = 4.$$

1986 年, P. S. Soltan 和 V. P. Soltan 引进了$\omega(K)$的概念并得到了如下关系式:

$$\gamma(K) = \omega(K^*).$$

从而,Hadwiger 猜想也等价于

$$\omega(K) \leqslant 2^n$$

且等号成立当且仅当K为一个 cross polytope.

用P_8表示一个正八面体,如图 3.6 所示. 容易证明

$$\omega(P_8) = 2^3.$$

从直觉上讲,Borsuk 的$\beta(K)$和 Hadwiger 的$\gamma(K)$之间应该有些联系. 事实的确如此,那就是

$$\beta(K) \leqslant \gamma(K). \tag{3.3}$$

① $n-1$维的平面.

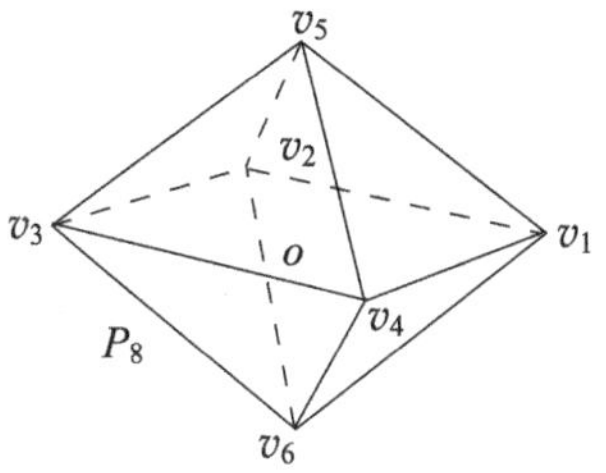

图 3.6

这一关系很容易证明,就不在此赘述了.

Hadwiger 猜想曾被许多著名数学家研究过. 然而,直到今天对这一猜想知之甚少. 这里仅介绍几个较重要的结果.

定理 3.4(Lassak) 对每一个三维的中心对称凸体 C 有

$$\gamma(C) \leqslant 8.$$

这一定理的证明非常繁琐具体,所以不打算在此介绍. 2000 年 Boltjanski 在 *Dokl. Akad. Nauk*. 宣布他证明了三维的 Hadwiger 猜想,然而直到今天他也没有发表他的完整证明. 大家的普遍意见是他的“证明”有误. 这确实是一个让几何学家非常尴尬的局面,甚至都不知道这一猜想对三维多面体是否都是对的. 更让人难以接受的是都不知道如下问题的结论:

问题 3.1 能否将 Hadwiger 猜想递归到多面体的情形?

假设 K_1 和 K_2 是两个 n 维凸体,定义

$$K_1 - K_2 = \{x - y: x \in K_1, y \in K_2\}.$$

特别地,记

$$D(K) = K - K.$$

通常,$D(K)$被称为凸体 K 的差体. 容易验证,$D(K)$也是一个凸体,并且是中心对称的. 差体 $D(K)$是凸几何与离散几何领域的一个重要概念. 在今后的几节中还会多次遇到.

定理 3.5(Rogers, Zong) 对任一 n 维凸体 K 都有

$$\gamma(K) \leqslant \frac{v(D(K))}{v(K)}(n\log n + n\log\log n + 5n).$$

假设 K_1 和 K_2 是两个 n 维凸体, $K_1 + X$ 是 E^n 的一个具有最小密度 $\theta(K)$(详细定义见第 9 章)的覆盖. 通过均值的方法,可以证明一定存在一个点 y,使得

$$\#\{x: x \in X, (K_1 + x) \cap (K_2 + y) \neq \varnothing\}$$
$$\leqslant \frac{v(K_2 - K_1)}{v(K_1)}\theta(K_1).$$

早在 1957 年, Rogers 对覆盖密度得到了如下上界:

$$\theta(K) \leqslant (n\log n + n\log\log n + 5n)$$

所以,可以导出

$$\gamma(K) \leqslant \frac{v(D(K))}{v(K)}(n\log n + n\log\log n + 5n).$$

注 3.3 估计$\frac{v(D(K))}{v(K)}$是一个著名的几何问题. Blaschke 和 Fenchel 都曾研究过它. 1957 年,Rogers 和 Shephard 证明了

$$2^n \leqslant \frac{v(D(K))}{v(K)} \leqslant \binom{2n}{n},$$

其中,下界当且仅当 K 是中心对称时达到,上界当且仅当 K 是单纯形时达到. 这样,可以导出

$$\gamma(K) \leqslant \binom{2n}{n}(n\log n + n\log\log n + 5n)$$

和

$$\gamma(C) \leqslant 2^n(n\log n + n\log\log n + 5n).$$

注 3.4 尽管离 Hadwiger 猜想的终点还遥遥无期. 但关于它的文献已浩如烟海. 感兴趣的读者可参见(Boltjanski et al., 1997; Brass et al., 2005).

注 3.5 H. Hadwiger (1908～1981),瑞士数学家,曾师从 W. Blaschke,长期任伯尔尼

大学教授. 他对 Hilbert 第三问题做出了重要贡献,共发表论著 250 余篇(部). 他的经典著作、开创性的研究工作和富有深远影响的猜想和问题奠定了他 20 世纪最著名的几何学家之一的地位.

4 凸体的 Newton 数

早在 1694 年，D. Gregory 和 I. Newton 讨论了如下问题：

> 个球能同时跟 13 个同样大且内部互不相交的球相接触吗?

Gregory 相信“能”；Newton 则认为“不能”. 在历史上,这一问题有时也被称为十三球问题. 如图 4.1 所示,可以很容易安排 12 个网球同时跟一个网球相切. 容易看到,图中 12 个外切球的位置是相对固定的.

图 4.2 中也有 12 个球同时跟中间的一个相切. 所不同的是,这 12 个球相互都不接触. 这样,就有理由相信,通过适当移动这 12 个球可能会腾出足够的空间再加一个跟中间的球也

图 4.1

相切的球. 这就是 Gregory 和 Newton 问题的困难所在.

图 4.2

在许多数学文献中，Hoppe 常被引述为第一个解决十三球问题的数学家. 事实上，他的证明是不完整的. 直到 1953 年，通过运用图论的一些想法，Schütte 和 van der Waerden 才第一次解决了这一问题. 答案如 Newton 所预言，是“不能”. 3 年过后，Leech 发表了一个只有 2 页的证明. 令人遗憾的是，要理解这一证明梗概，许多计算细节需要补充. 进入新千年以来，Böröczky，Anstreicher，Ericson，Zinoviev，Hsiang 和 Musin 又分别发表了对这一问题的一些新证明，其中，有些就是对 Leech 证明的补充.

通常称 $K+X$ 为凸体 K 的一个堆积，如果

$$(\mathrm{int}(K)+x)\cap(\mathrm{int}\,(K)+y)=\varnothing$$

对 X 的任意一对互异点 x 和 y 都成立. 类似地，称其为一个格堆积如果 X 是一个格. 用 $\alpha(K)$表示凸体 K 的平移 Newton 数，用 $\alpha^*(K)$ 表示凸体 K 的格 Newton 数. 换句话说，$\alpha(K)$ 是内部互不相交且能同时与 K 相外切的 K 的平移体的最大个数，$\alpha^*(K)$是 K 的格堆积中与 K 相外切的平移体的最大个数. 由于格平移体一定是平移体，所以对所有的凸体都有

$$\alpha^*(K)\leqslant\alpha(K).$$

假设一个非奇异线性变换将一个凸体 K 变为 K'. 显然, K' 也是一个凸体. 另外, 很容易证明

$$\alpha(K') = \alpha(K)$$

和

$$\alpha^*(K') = \alpha^*(K).$$

在第 3 章曾介绍过凸体的差体. 这一概念在这里具有重要应用. 假设 S 是一个凸集合(开或闭), 如果

$$(S+x) \cap (S+y) \neq \varnothing,$$

那么存在两个点 $u, v \in S$ 满足

$$u+x = v+y.$$

这样可以得到

$$\frac{1}{2}(u-v)+x = \frac{1}{2}(v-u)+y$$

以及

$$\left(\frac{1}{2}D(S)+x\right) \cap \left(\frac{1}{2}D(S)+y\right) \neq \varnothing.$$

反之亦然. 所以得到了

$$(S+x) \cap (S+y) \neq \varnothing$$

当且仅当

$$\left(\frac{1}{2}D(S)+x\right) \cap \left(\frac{1}{2}D(S)+y\right) \neq \varnothing.$$

分别取 S 为 K 和 $\mathrm{int}(K)$,可以导出

$$\alpha(D(K))=\alpha(K).$$

类似地,也有

$$\alpha^*(D(K))=\alpha^*(K).$$

所以,要研究 $\alpha(K)$和 $\alpha^*(K)$ 的一般上界,只需要讨论中心对称凸体. 接下来,介绍几个关于 $\alpha(K)$ 和 $\alpha^*(K)$的一般结果.

定理 4.1(Grünbaum) 假设 K 是一个二维凸区域,那么

$$\alpha^*(K)=\alpha(K)=\begin{cases}8, & K\text{ 是一个平行四边形},\\ 6, & \text{其他情况}.\end{cases}$$

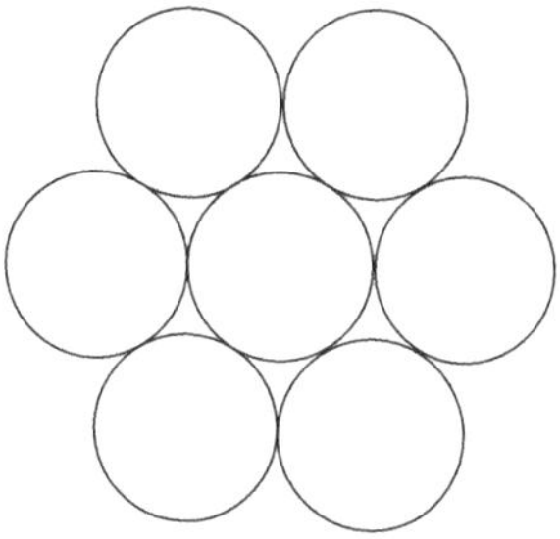

图 4.3

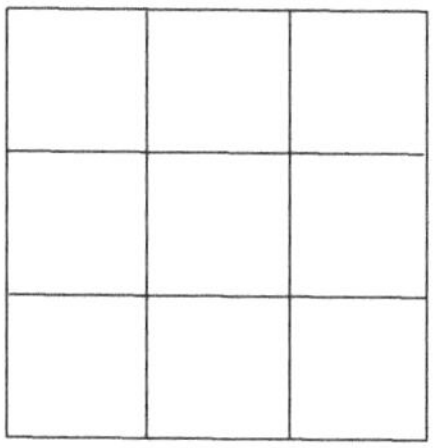

图 4.4

很容易证明

$$\alpha(B^2)=\alpha^*(B^2)=6$$

和

$$\alpha(I^2) = \alpha^*(I^2) = 8.$$

然而,要证明上述一般结果却不是一件容易的事. 在 1957 年,Hadwiger 曾预言这一结论. 后来,通过研究中心对称凸体的边界在 Minkowski 度量下的长度才得以证明.

定理 4.2(Minkowski 和 Hadwiger) 对每一个 n 维凸体 K 都有

$$\alpha^*(K) \leqslant 3^n - 1$$

和

$$\alpha(K) \leqslant 3^n - 1,$$

其中,两个等号成立的充分必要条件是 K 为一个仿立方体.

证明思路 如前面所说,由于

$$\alpha(D(K)) = \alpha(K)$$

和

$$\alpha^*(D(K)) = \alpha^*(K),$$

不妨假设 K 是中心对称的且以坐标原点为中心(图 4.5).

如果 $K+x$ 与 K 在其表面相接触,由凸函数的一些基本性质可以证明

$$K + x \subseteq 3K.$$

用 $v(K)$表示 K 的体积,得到

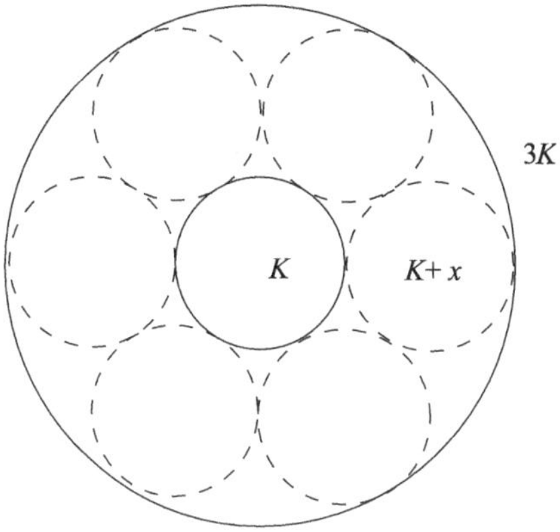

图 4.5

$$(\alpha(K)+1)v(K) \leqslant v(3K) = 3^n v(K)$$

从而导出

$$\alpha(K) \leqslant 3^n - 1.$$

当然,等号情形的证明要复杂得多. 证毕.

注 4.1 这一定理的前半部分是由 Minkowski 于一百多年前用初等数论的同余方法证明的,以上介绍的漂亮想法是由 Hadwiger 于 1957 年发现的. 当然,后者包含前者. 这一结论在数论中有重要推论. 因为 $\alpha^*(B^n)$恰好就是某一类正定二次型丢番图方程解的最大个数(见公式(8.1)).

作为 $\alpha(K)$和 $\alpha^*(K)$的一般下界,有以下结果:

定理 4.3(Swinnerton-Dyer, Bourgain) 对任一 n 维凸体 K 有

$$\alpha^*(K) \geqslant n(n+1)$$

和

$$\alpha(K) \geqslant 3^{cn},$$

其中,c 是一个绝对常数.

注 4.2 其实,Swinnerton-Dyer 证明了如下结论:在 K 的每一个达到最大密度的格堆积中它至少与 $n(n+1)$ 个平移体相接触. 确定 $\alpha^*(K)$ 的最佳下界的阶是一个著名难题,甚至人们都不知道是否 $n(n+1)$ 就是其最佳下界. 而 Bourgain 的下界则是通过对凸体的截面和投影(Milman 的 QS 定理)的研究而得到的. QS 定理是说当 n 非常大时,每一个 n 维中心对称的凸体都有一个较低维的截面,该截面在更低维的某一平面上的投影是一个近似球的凸体. 另一方面,如定理 4.7 所说,球体的 Newton 数是随维数的增长呈指数增长的.

在高维空间,确定一个非平凡凸体的 Newton 数是一个很困难的问题. 至今已知的结果也很少. 近年来,Zong 发现了一个比较有效的方法从而确定了四面体,正八面体等一系列凸体的 Newton 数. 例如,假设 P 是一个四面体或

者一个正八面体(图 4.6),那么

$$\alpha(P)=\alpha^*(P)=18.$$

特别地,他发现了如下现象:

在四面体的格堆积中,当密度达到最大值 18/49 时每一个四面体与 14 个相接触;当与一个四面体相接触的个数达到最大值 18 时,其堆积密度只有 1/3.

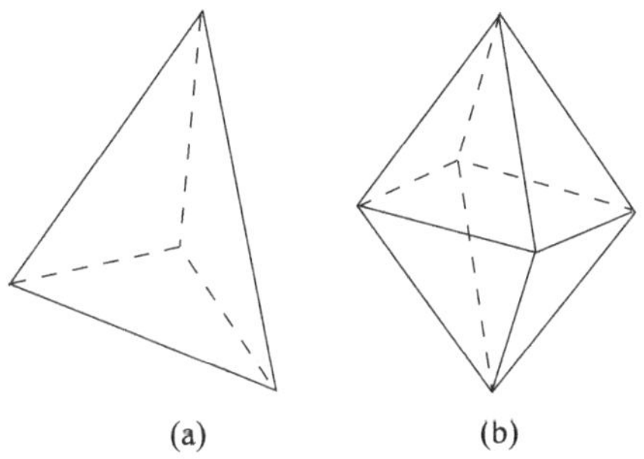

图 4.6

对于研究堆积密度问题(Hilbert 第 18 问题的第 3 部分)来说局部化是最自然的想法,然而上述发现表明简单的局部化是远远不够的.

对 Newton 数来讲,显然 n 维单位球是最重要和最有意思的. 所以,接下来特别介绍这方面的一些已知结果.

定理 4.4(Watson)

n	4	5	6	7	8	9
$\alpha^*(B^n)$	24	40	72	126	240	272

注 4.3 Watson 的结论是通过对正定二次型① 的深入研究得出的. 通过适当的构造,可以得到

$$\alpha(B^9) \geqslant 306.$$

所以,结合定理 4.4 可以得到

$$\alpha(B^9) \neq \alpha^*(B^9).$$

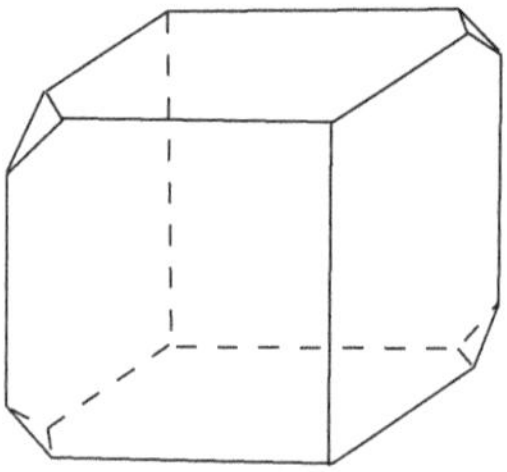

图 4.7

事实上,只要 $n\geqslant 3$,总能构造出一个 n 维凸体 K 满足

$$\alpha(K) \neq \alpha^*(K).$$

这是由 Zong 于 1996 年发现的. 例如,图 4.7 所示的几何体就有这种性质.

定理 4.5(Levenstein, Odlyzko 和 Sloane)

$$\alpha^*(B^8) = \alpha(B^8) = 240,$$

$$\alpha^*(B^{24}) = \alpha(B^{24}) = 196\ 560.$$

注 4.4 关于球堆积,8 维空间和 24 维空间确实非常特别. 首先,当 $n\geqslant 5$ 时至今仅仅知

① 参见第 8 章中所介绍的关联.

道 $\alpha(B^8)$和 $\alpha(B^{24})$的精确值. 其次,在这两个空间中

$$\alpha(B^8) = 240$$

和

$$\alpha(B^{24}) = 196\ 560$$

所对应的最佳结构在旋转和对称的意义下都是唯一的. 这是由 Bannai 和 Solane 证明的. 如本章开始时所说,在三维空间,

$$\alpha(B^3) = 12$$

所对应的最佳结构在旋转和对称的意义下却不是唯一的.

定理 4.6(Musin)

$$\alpha(B^4) = \alpha^*(B^4) = 24.$$

关于 $\alpha(B^n)$的上下界有如下定理:

定理 4.7(Wyner, Shannon, Kabatjanski 和 Levenstein)

$$2^{0.2075\cdots n(1+o(1))} \leqslant \alpha(B^n) \leqslant 2^{0.401\cdots n(1+o(1))}.$$

注 4.5 设 ϕ 为任一给定的常数,用 $\alpha(n, \phi)$表示 n 维单位球的表面上两两之间的球面距离都不小于 ϕ 的点的最大个数. 确定或估计$\alpha(n, \phi)$是一个著名且困难的问题. 容易看出

$$\alpha(B^n) = \alpha(n, \frac{\pi}{3}).$$

特别地,确定 $\alpha(3, \phi)$ 的值被称为 Tammes 问题.

注 4.6 1970 年前后,P. Delsarte 发现了线性规划方法与 $\alpha(n, \phi)$ 之间的一个深刻联系. 通常,称

$$P_k^{u,v}(x) = \frac{1}{2^k}\sum_{i=0}^{k}\binom{k+u}{i}\binom{k+v}{k-i}(x+1)^i(x-1)^{k-i}$$

为带参数 u 和 v 的 k 次 Jacobi 多项式,其中, $u>-1$, $v>-1$, $k=0, 1, 2, \cdots$. 由多项式的基本理论知道,每一个 m 次多项式都可以唯一地表示为 Jacobi 多项式的线性组合. 取 $\varepsilon=(n-3)/2$. 如果多项式

$$f(x) = \sum_{i=0}^{m} f_i P_i^{\varepsilon,\varepsilon}(x)$$

满足 $f_0>0$, $f_i\geqslant 0$,并且当 $-1\leqslant x\leqslant \cos\phi$ 时总有 $f(x)\leqslant 0$. 那么有

$$\alpha(n, \phi) \leqslant \frac{f(1)}{f_0}.$$

这就是球堆积理论中著名的线性规划方法. 后来经过 Levenstein, Kabatjanski, Odlyzko, Sloane 等人的进一步工作证实这一联系对球堆积理论是突破性的. 定理 4.5 和定理 4.7

中的上界都是通过这一方法得到的. 定理 4.6 则是经过对这一方法的进一步改进于 2005 年取得的.

注 4.7 关于 Newton 数的文献非常多. 感兴趣的读者可以从相关文献(Conway et al., 1998;Zong,1999)中找到.

5 凸体的 blocking 数

1995 年,为了研究 Hadwiger 猜想,Zong 引进了另一个几何量——凸体的 blocking 数. 对一个凸体 K, 它的 blocking 数 $\tau(K)$是与 K 相切并能阻止任一其他平移体与 K 接触的平移体的最少个数,如图 5.1 所示.

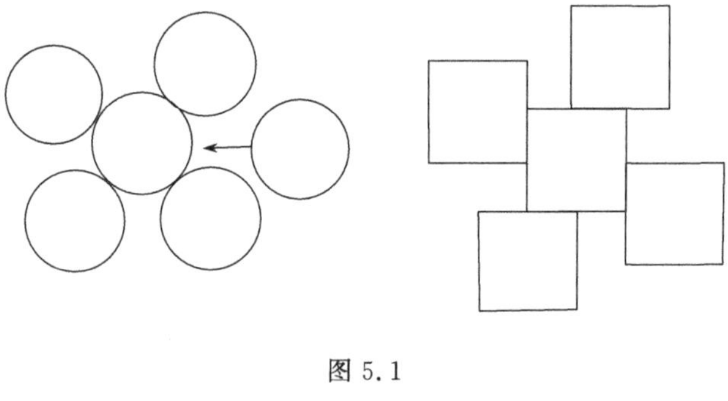

图 5.1

例 5.1 通过简单具体的计算容易导出

$$\tau(B^2) = 4$$

和

$$\tau(I^2) = 4.$$

从以上定义容易看出,不等式

$$\tau(K) \leqslant \alpha(K) \tag{5.1}$$

对任一凸体都成立.另外,与 Newton 数的情形相类似,可以导出它在非奇异的线性变换下保持不变并且满足

$$\tau(K) = \tau(D(K)).$$

所以要研究 $\tau(K)$的上下界,只需要讨论中心对称的凸体即可.

通过进一步地改进定理 4.1 可以证明

引理 5.1 对任一中心对称的凸区域 C 和它的任一边界点 p,总能找到 6 个同时与 C 相切且内部互不相交的平移体,其中之一是 $C+2p$.

由此容易证明

$$\tau(C) \geqslant 4. \tag{5.2}$$

另一方面,如果 C 不是一个平行四边形,如定理 4.1 所说,这时 $\alpha(C)=6$.所以,通过适当的构造可以导出

$$\tau(C) \leqslant 4. \qquad (5.3)$$

由(5.2)和(5.3)可以证明如下结论：

定理 5.1 对任一平面凸区域 K 总有

$$\tau(K) = 4.$$

接下来，介绍中心对称凸体的 blocking 数 $\tau(C)$和 Hadwiger 的覆盖数 $\gamma(C)$之间的一个重要关系. 假设 $C+X$ 是一个 blocking 构图(图 5.2 中的实线部分)，其中，

$$X = \{o, x_1, x_2, \cdots, x_{\tau(C)}\}.$$

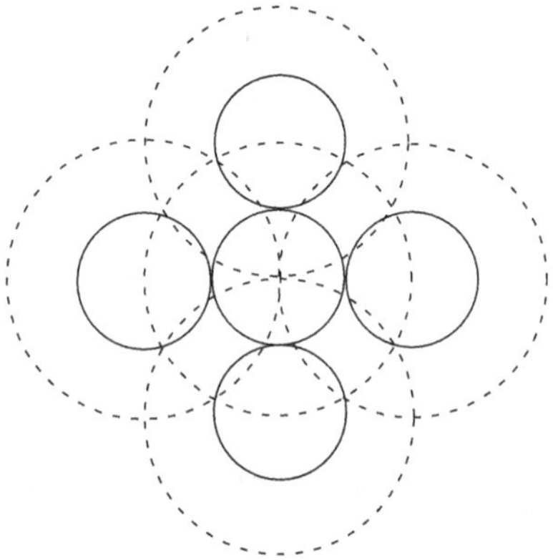

图 5.2

因为 $C+X\setminus\{o\}$ 能挡住 C 的所有其他平移体，所以有(虚线部分所示)

$$\partial(2C) \subset \bigcup_{i=1}^{\tau(C)} (\operatorname{int}(2C) + x_i)$$

以及

$$2C \subset \bigcup_{i=1}^{\tau(C)} (\mathrm{int}(2C) + x_i^*),$$

其中，x_i^* 是非常靠近 x_i 的适当点. 这样就中心对称凸体的覆盖数与 blocking 数之间建立了如下关系：

定理 5.2 对任一中心对称的凸体 C 有

$$\gamma(C) \leqslant \tau(C).$$

已经知道 n 维立方体的覆盖数是 $\gamma(I^n) = 2^n$. 通过适当的归纳构造，也可以证明

$$\tau(I^n) = 2^n.$$

接下来考虑球的 blocking 数. 显然这是最有意思和最重要的情况. 假设

$$X = \{o, x_1, x_2, \cdots, x_{\tau(B^n)}\},$$

并且 $B^n + X$ 是一个 blocking 构图. 也就是说，$B^n + X$ 是一组内部互不相交的单位球，并且 $B^n + X \setminus \{o\}$ 可以阻止任一其他球与 B^n 相接触. 这样有

$$\partial(2B^n) \subset \bigcup_{i=1}^{\tau(B^n)} (\mathrm{int}(2B^n) + x_i),$$

$$\partial(2B^n) \subset \bigcup_{i=1}^{\tau(B^n)} (\mathrm{int}(2B^n) + x_i) \cap \partial(2B^n),$$

$$v_{n-1}(\partial(2B^n)) \leqslant \sum_{i=1}^{\tau(B^n)} v_{n-1}(\partial(2B^n) \cap (\mathrm{int}(2B^n) + x_i)),$$

从而可以导出

$$\tau(B^n) \geqslant \frac{v_{n-1}(\partial(2B^n))}{v_{n-1}(\partial(2B^n) \cap (\mathrm{int}(2B^n) + x_1))}.$$

这样,通过详细计算球的表面积[①]和估计球冠的面积就取得了 $\tau(B^n)$的一个下界.

定理 5.3(Zong)

$$\tau(B^n) \geqslant 2^{0.2075\cdots n(1+o(1))}.$$

注 5.1 如定理 3.3 所述,具有光滑表面的 n 维凸体的覆盖数是 $n+1$. 所以,尽管 $\gamma(C)$与 $\tau(C)$之间具有定理 5.2 所建立的关系,它们之间也有着巨大的差别. 另一方面,由(5.1)和定理 5.3 可以导出

$$\alpha(B^n) \geqslant 2^{0.2075\cdots n(1+o(1))}.$$

这一下界曾由 Shannon 和 Wyner 于 20 世纪 60 年代用不同的方法得到.

对于特定的 n, 对 $\tau(B^n)$知之甚少. 首先较详细地讨论一下三维的情况. 显然, $\partial(2B^n) \cap (\mathrm{int}(2B^n) + x_i)$是一个球面半径为 $\pi/3$ 的球冠. 所以,$\partial(B^3)$可以被 $\tau(B^3)$个这样的球冠所覆盖.

---

① 一个 n 维单位球的表面积为$\frac{n\ \pi^{n/2}}{\Gamma(n/2+1)}$,其中 $\Gamma(x)$为 Gamma 函数.

经过详细的计算,可以得出

(1) 在这些球冠中一定存在两个互不相交的;

(2) B^3 的每一个大圆至少被 4 个这样的球冠所覆盖.

这样可以导出

$$\tau(B^3) \geqslant 6.$$

另一方面,可以验证当

$$X = \{\pm(2,0,0), \pm(0,2,0), \pm(0,0,2)\}$$

时,$B^3 + X$ 的确能阻挡任一其他单位球与 B^3 相接触. 这样就得到了如下定理的前半部分:

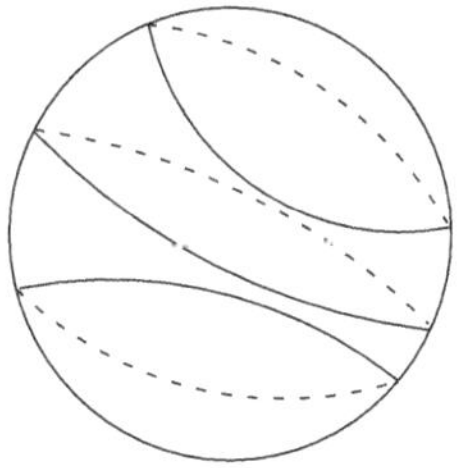

图 5.3

定理 5.4 (Dalla, Larman, Mani-Levitska 和 Zong)

$$\tau(B^3) = 6, \quad \tau(B^4) = 9.$$

可以论证,$\tau(B^4)$的值与如下猜想密切相关:

猜想 5.1(Zong) 假设 P 是一个具有 $2n$ 个面且包含单位球 B^n 的 n 维多面体,那么

$$\max_{x \in P} \| x, o \| \geqslant \sqrt{n},$$

其中,等号成立当且仅当 P 是单位球的一个外切立方体(图 5.4).

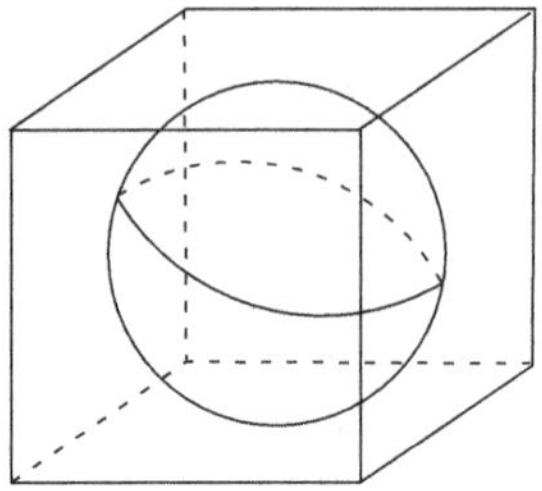

图 5.4

通过建立在拓扑和几何基础上的复杂分析,特别是关于多面体的 Dehn-Sommerville 方程,Dalla, Larman,Mani-Levitska 和 Zong 证明了这一猜想的四维情况,从而导出了

$$\tau(B^4) \geqslant 9.$$

另一方面,可以通过构造得到

$$\tau(B^4) \leqslant 9.$$

这样就可以导出上面定理的后半部分.

注 5.2 这一猜想不仅是一个几何问题,也是一个线性优化问题.尽管看上去它很简单,实际上却异常地困难.在过去的 10 年中,它曾多次在 MSRI 和 Oberwolfach 等地举行的国际会议上被反复强调.然而,至今无法证明它的一般

情形.

跟 Newton 数一样,确定一个非平凡凸体的 blocking 数是很有挑战性的. 至今知道的结论也很少. 假设 P 表示一个正四面体或者一个正八面体(图 4.6),那么

$$\tau(P)=6.$$

用 $\delta^H(X,Y)$表示 E^n 中两个紧致集合 X 和 Y 之间的 Hausdorff 距离,即

$$\delta^H(X,Y)=\inf\{r>0:X\subseteq Y+rB^n;\ Y\subseteq X+rB^n\}.$$

1996 年,Zong 发现了如下现象:

任给 $\varepsilon>0$, 总可以找到一个 n 维的中心对称凸体 C 满足

$$\delta^H(C,I^n)\leqslant\varepsilon,$$

$$\alpha(C)\geqslant 2^n>\alpha(B^n)$$

和

$$\tau(C)\leqslant 2n<2^{0.2075n(1+o(1))}\leqslant\tau(B^n).$$

换句话说,除去不等式(5.1)以外,凸体的 Newton 数与 blocking 数之间没有太强的关联. 可见, blocking 数的研究也是一件异常复杂的事情.

基于这一现象,关于 blocking 数有如下猜想:

猜想 5.2(Zong) 对任一 n 维凸体 K 总有

$$2n \leqslant \tau(K) \leqslant 2^n,$$

并且两个界都是可以达到的.

注 5.3 如果这一猜想的上界是正确的,那么由定理 5.2 马上可以导出中心对称凸体的 Hadwiger 猜想. 然而,至今对这一猜想毫无进展. 即使是三维情况,也知之甚少.

注 5.4 Blocking 数是一个相对较年轻的概念. 但是,由于它与 Hadwiger 覆盖数以及 Newton 数的关系已显示出它的重要性. 对这一问题感兴趣的读者可参见文献(Zong, 1999; Brass et al., 2005).

6 遮光问题

为了论述方便，在 n 维空间中称一条从某一点出发沿一个固定方向趋向无穷远的射线为一条光线. 根据 L. Fejes Tóth 的文章记载，奥地利著名数学家 H. Hornich 曾提出并研究过如下问题：

Hornich 问题 假设坐标原点是一个光源. 试确定排放在 B^n 以外，两两内部互不相交且能遮挡住所有由原点发出的光线的单位球的最小个数 $h(B^n)$.

在此，一条光线 L 被 B^n+x 所遮挡的意思是指它们有交点. 类似地，也可以通过限定所有单位球的球心是某一适当的格的一个子集来定义 $h^*(B^n)$. 显然有

$$h(B^n) \leqslant h^*(B^n).$$

注 6.1 H. Hornich (1906～1979)，奥地利著名数学家. 曾任维也纳科学技术大学教授、奥地利科学院院士、奥地利数学会主席. 他在泛函分析、复分析等领域做出了重要贡献，并以 Hornich 空间、Hornich 度量、Hornich 不等式等研究著称，共发表论著近 70 篇.

从几何直观的角度看，Hornich 问题的确不是一个很自然的问题，因为它附带了许多不自然的限制. 然而，从丢番图逼近的角度看确定 $h^*(B^n)$的值却是一个自然和重要的问题. 早在 1959 年，L. Fejes Tóth 对 Hornich 问题的研究迈出了第一步. 他证明了

$$h(B^3) \geqslant 19$$

并提出了一个更自然的几何问题.

L. Fejes Tóth 问题 假设一个固定的单位球 B^n 发光. 试确定排放在它以外，两两内部互不相交且能遮挡住它发出的所有光线的单位球的最小个数 $l(B^n)$.

注 6.2 用 $l^*(B^n)$表示球心为某一格的子集时的类似数. 在 1960 年前后，匈牙利数学家 Heppes 曾发现：如果 $n \geqslant 3$，那么

$$l^*(B^n) = \infty.$$

换句话说,他证明了如下结论:当 $n\geqslant 3$ 时,在 B^n 的任一格堆积 $B^n+\Lambda$ 中都存在一个与任一球都不相交的无限长的柱体. 可见这类问题的复杂性.

关于 $h(B^n)$和 $l(B^n)$,容易看出

$$h(B^n)\leqslant l(B^n)$$

以及

$$h(B^2)=h^*(B^2)=l(B^2)=l^*(B^2)=6.$$

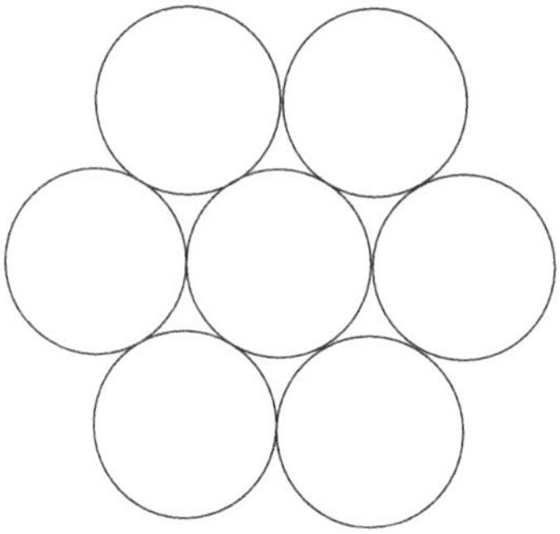

图 6.1

实际上,在 Newton 数 $\alpha(B^n)$与 Hornich 数 $h(B^n)$之间也有一个简单不等式关系.

定理 6.1 如果 $n\geqslant 3$,那么

$$\alpha(B^n)<h(B^n).$$

证明 假设 $B^n+x_1,\cdots,B^n+x_{\alpha(B^n)}$ 是两两内部互不相交且都与 B^n 在边界相接触的$\alpha(B^n)$

个单位球，$B^n+y_1,\cdots,B^n+y_{h(B^n)}$ 为 $h(B^n)$ 个都在 B^n 之外，两两内部互不相交且能够遮挡住由 o 所发出的所有光线的单位球.

对任一点 x 用 $\Omega(x)$ 表示单位球 B^n 的边界 $\partial(B^n)$ 和以 o 为顶点且包含 B^n+x 的锥相交所得的球冠. 为了方便，记 B^n 上球面半径为 $\pi/6$ 的球冠的面积为 μ_n. 由 $\alpha(B^n)$ 和 $h(B^n)$ 的定义容易看出：球冠 $\Omega(x_i)$，$i=1,2,\cdots,\alpha(B^n)$ 形成 $\partial(B^n)$ 上的一个堆积，而球冠 $\Omega(y_j)$，$j=1,2,\cdots,h(B^n)$ 则构成 $\partial(B^n)$ 的一个覆盖. 容易看出

$$v_{n-1}(\Omega(x_i))=\mu_n,$$
$$v_{n-1}(\Omega(y_j))\leqslant\mu_n,$$

所以

$$\begin{aligned}\alpha(B^n)\mu_n&=\sum_{i=1}^{\alpha(B^n)}v_{n-1}(\Omega(x_i))\\&<n\,\omega_n\\&<\sum_{j=1}^{h(B^n)}v_{n-1}(\Omega(y_j))\\&\leqslant h(B^n)\mu_n,\end{aligned}$$

其中，ω_n 表示 B^n 的体积. 定理得证.

注 6.3 看起来当 $n\geqslant3$ 时确定 $h(B^n)$，$h^*(B^n)$ 和 $l(B^n)$ 的值将是非常困难的，可能比确

定$\alpha(B^n)$的值更难. 在三维空间 E^3 中, Heppes, Csóka, Schopp 和 Danzer 等人进一步研究了 $h(B^3)$和 $l(B^3)$, 并且得到了

$$30 \leqslant h(B^3) \leqslant 42$$

以及

$$30 \leqslant l(B^3) \leqslant 326.$$

这些结果都是建立在繁琐的技巧上, 没有一般性. 所以就不在此赘述了.

在 Hornich 问题中, 用一般中心对称凸体替换单位球可以定义相应的 $h(C)$和 $h^*(C)$; 类似地, 在 L. Fejes Tóth 问题中, 用一般凸体替换单位球也可以定义相应的 $l(K)$.

接下来展示一下丢番图逼近的原理可以在估计 $h(B^n)$和 $h^*(B^n)$的过程中发挥出重要作用. 首先介绍一个类似于 Dirichlet 原理的引理.

引理 6.1 假设 C 是一个中心对称的 n 维凸体, Λ 是一个使得 $C+\Lambda$ 为一个格堆积的格. 对任一向量 $v \neq o$ 总有一个格点 $u \in \Lambda$ 和一个满足①

① $\delta(C,X)$表示 $C+X$ 的堆积密度, $\delta(C)$表示 C 的最大堆积密度, $\delta^*(C)$表示 C 的最大格堆积密度. 详细定义见第 7 章.

$$j \leqslant \frac{2^n \delta(C)}{\delta(C, \Lambda)}$$

的正整数 j，使得

$$jv \in \operatorname{int}(C) + u.$$

证明 为了方便，记

$$m = \left[\frac{2^n \delta(C)}{\delta(C, \Lambda)}\right],$$

并考虑集合

$$X = \bigcup_{i=0}^{m} (\Lambda + iv).$$

如果 $\frac{1}{2}C + X$ 是一个堆积，那么

$$\begin{aligned}\delta\left(\frac{1}{2}C, X\right) &= (m+1)\delta\left(\frac{1}{2}C, \Lambda\right) \\ &= \frac{(m+1)\delta(C, \Lambda)}{2^n} \\ &> \frac{2^n \delta(C)}{\delta(C, \Lambda)} \cdot \frac{\delta(C, \Lambda)}{2^n} \\ &= \delta(C).\end{aligned}$$

这显然是不可能的. 所以

$$\operatorname{int}\left(\frac{1}{2}C + i_1 v + u_1\right) \cap \operatorname{int}\left(\frac{1}{2}C + i_2 v + u_2\right) \neq \varnothing$$

对某些 $0 \leqslant i_1 < i_2 \leqslant m, u_1 \in \Lambda, u_2 \in \Lambda$ 成立. 换句话说,

$$(i_2 - i_1)v \in \operatorname{int}(C) + u_1 - u_2.$$

这样,取 $j=i_2-i_1$ 以及 $u=u_1-u_2$, 引理得证.

定理 6.2(Zong)

$$h(C)\leqslant h^*(C)\leqslant 2^{n^2(1+o(1))},$$

$$h(B^n)\leqslant h^*(B^n)\leqslant 2^{1.401n^2(1+o(1))}.$$

证明 根据第 1 章中介绍的 John 定理可知,对任一 n 维中心对称凸体 C 一定有一个相应的线性变换 L 满足

$$B^n\subseteq L(C)\subseteq \sqrt{n}B^n.$$

这样,不失一般性,可以假定

$$B^n\subseteq C\subseteq \sqrt{n}B^n. \tag{6.1}$$

假设 $C+\Lambda$ 是一个具有最大密度 $\delta^*(C)$ 的格堆积. 由引理 6.1, 对任一满足 $\|v\|=\sqrt{n}+1$ 的向量 v 总能找到一个正整数

$$j\leqslant \frac{2^n\delta(C)}{\delta^*(C)}$$

和一个点 $u\in\Lambda\setminus\{o\}$满足

$$jv\in \mathrm{int}(C)+u. \tag{6.2}$$

用 D 表示由 Λ 所决定的 Dirichlet-Voronoi 多面体[①]. 由(10.5)的证明过程容易导出

① $D=\{x\in E^n:\|x,o\|\leqslant\|x,\Lambda\|\}$.

$$d(D) \leqslant 6(\sqrt{n}+1). \qquad (6.3)$$

记

$$m = \left[\frac{2^n \delta(C)}{\delta^*(C)}\right],$$

由(6.1)，(6.2)和(6.3) 可以得到

$$\begin{aligned} h^*(C) &\leqslant \operatorname{card}\{m(\sqrt{n}+1)B^n \cap \Lambda\} \\ &\leqslant \frac{\omega_n (m(\sqrt{n}+1)+d(D))^n \delta^*(C)}{v(C)} \\ &\leqslant \frac{\omega_n (m(\sqrt{n}+1)+3(\sqrt{n}+1))^n \delta^*(C)}{\omega_n} \\ &\leqslant \frac{\delta(C)^n\, 2^{n^2(1+o(1))}}{\delta^*(C)^n} \\ &\leqslant 2^{n^2(1+o(1))}. \end{aligned}$$

这样就证明了定理 6.2 的第 1 部分. 第 2 部分容易从第 8 章中关于密度的上下界得出. 定理得证.

关于 $h(B^n)$的下界, Zong 在 1997 年曾猜测

$$h(B^n) \geqslant 2^{cn^2(1+o(1))}.$$

这一猜测已由匈牙利著名数学家 Bárány 和英国数学家 Leader 所证实. 由于他们的证明用到概率论的思想方法, 这里就不赘述了.

定理 6.3(Bárány 和 Leader)

$$h(B^n) \geqslant 2^{0.275n^2(1+o(1))}.$$

关于 $l(C)$的研究需要全新的方法. 在 1997

年，Zong 引进了一种有效的构造从而导出了它的第一个明确的上界. 后来，Talata 又精细了 Zong 的方法从而得到了下面的上界.

定理 6.4(Zong 和 Talata)　如果 C 是一个中心对称的 n 维凸体，那么

$$l(C) \leqslant 3^{n^2(1+o(1))}.$$

特别地，

$$l(B^n) \leqslant 2^{1.401n^2(1+o(1))}.$$

注 6.4　也许有人会认为只要在 B^n 的周围堆放足够多的球总能挡住它所发出的所有光线. 其实，这一想法是不对的. 事实上，真正有效的构造是在适当远处. 这是证明定理 6.4 最关键的一点. 另外，结合定理 6.3 和定理 6.4，人们很容易猜测有渐近公式

$$h(B^n) = 2^{c_1 n^2(1+o(1))}$$

和

$$l(B^n) = 2^{c_2 n^2(1+o(1))}.$$

当然，证明这两个公式会是非常困难的.

注 6.5　关于 Hornich 问题和 L. Fejes Tóth 问题的故事还远没有完. 其实上面所述的进展已经引发了许多相关的重大进展. 例如，关于堆积中的线段和自由平面等. 对相关内容感

兴趣的同事可参见文献(Zong,1999;Zong,2002.)

注 6.6 L. Fejes Tóth (1915～2005),匈牙利著名数学家,科学院院士,曾长期担任匈牙利科学院数学研究所的所长.他共发表了近百篇数学论文和两部非常有影响的专著,是20世纪最有影响的离散几何学家之一.他的专著 *Lagerungen in der Ebene, auf der Kugel und im Raum* 是离散几何领域最重要的文献之一.

7 凸体的堆积密度 I

用 $N(l)$ 表示在边长为 l 的正方形中能够放入单位圆盘的最大个数. 这样,称

$$\lim_{l\to\infty}\frac{N(l)\cdot v(B^2)}{v(lI^2)}=\lim_{l\to\infty}\frac{N(l)\cdot \pi}{l^2}$$

为圆盘的最大堆积密度(图 7.1).

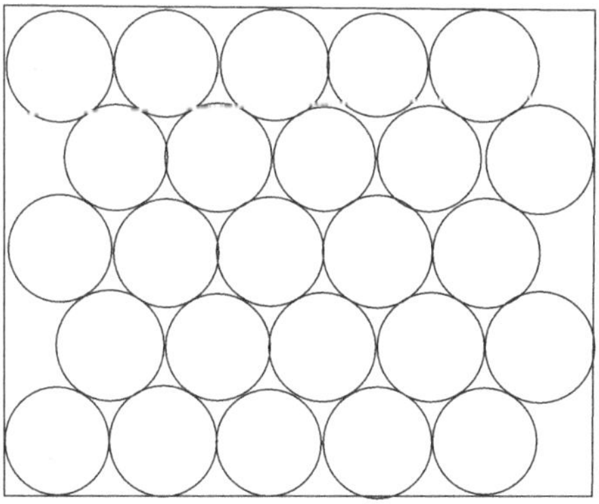

图 7.1

类似地，对一个 n 维凸体 K，用 $N(K, l)$ 表示在边长为 l 的立方体 lI^n 中能够放入 K 的平移体的最大个数. 这时，称极限值

$$\delta(K)=\lim_{l\to\infty}\frac{N(K,l)\cdot v(K)}{v(lI^n)}=\lim_{l\to\infty}\frac{N(K,l)\cdot v(K)}{l^n}$$

为凸体 K 的最大平移堆积密度.

注 7.1 事实上，在以上定义中单位立方体只是一个参照对象，并不影响定义. 换句话说，假设 D 是一个 n 维凸体，$N(K,lD)$ 表示在 lD 中能够放入 K 的平移体的最大个数. 那么有

$$\lim_{l\to\infty}\frac{N(K,lD)\cdot v(K)}{v(lD)}=\lim_{l\to\infty}\frac{N(K,l)\cdot v(K)}{v(lI^n)}=\delta(K).$$

这一结论可以通过用一系列立方体的并集合逼近 D 导出.

假设 Λ 是一个格，$K+\Lambda$ 是 K 的一个格堆积. 也就是说，$K+\Lambda$ 中的平移体两两内部互不相交. 这时，该堆积的密度为

$$\delta(K,\Lambda)=\frac{v(K)}{d(\Lambda)}.$$

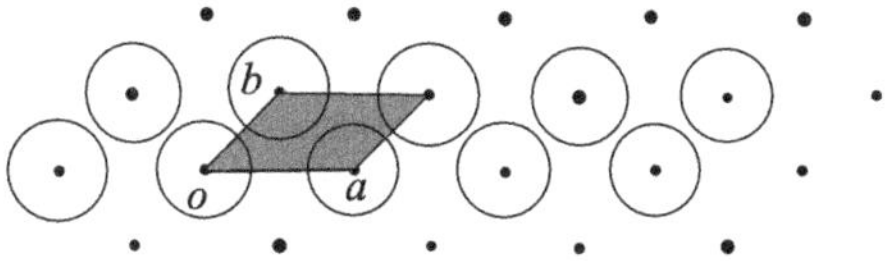

图 7.2

定义 K 的最大格堆积密度为

$$\delta^*(K) = \max_{\Lambda} \frac{v(K)}{d(\Lambda)},$$

其中,极大值取遍 K 的所有格堆积. 由于格堆积一定是平移堆积,有

$$\delta^*(K) \leqslant \delta(K). \tag{7.1}$$

另外,容易验证:假设一个非奇异线性变换将 K 变为 K',那么

$$\delta(K) = \delta(K')$$

和

$$\delta^*(K) = \delta^*(K').$$

特别地,对所有的 n 维椭球 E 有

$$\delta(E) = \delta(B^n)$$

和

$$\delta^*(E) = \delta^*(B^n).$$

关于凸体堆积密度的已知结论很多. 在这一章主要介绍二维的情况. 首先介绍由 Fáry 于 1950 年发现的一个定理.

定理 7.1(Fáry) 对任意二维凸区域 K 有

$$\delta^*(K) \geqslant \frac{2}{3},$$

其中,等号成立当且仅当 K 是一个三角形.

证明思路 不失一般性,假定 K 是一个边界不含线段的凸域,并只考虑 K 有 6 个邻域的格堆积(图 7.3).这时的格可由 p_1-p_4 和 p_2-p_5 生成.

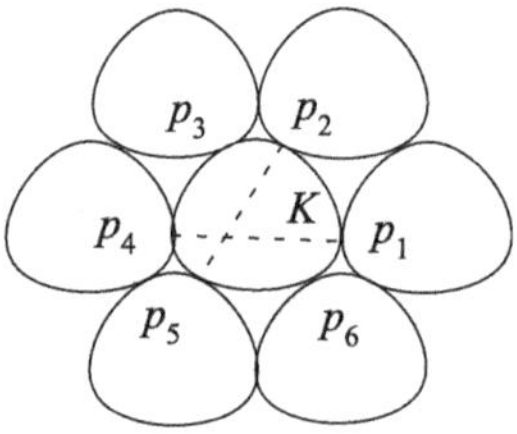

图 7.3

由连续性,通过转动可以找到 K 的一个特殊格堆积使得 p_3p_5 与 p_2p_6 平行.这时定义

$$p_2^* = p_2 + p_4 - p_1$$

和

$$p_6^* = p_6 + p_4 - p_1.$$

显然,图 7.4 所示的多边形

$$P = p_1p_2p_3p_2^*p_4p_6^*p_5p_6$$

是该特殊格的一个基本域，并且凸域 K 包含凸多边形

$$Q = p_1p_2p_3p_4p_5p_6.$$

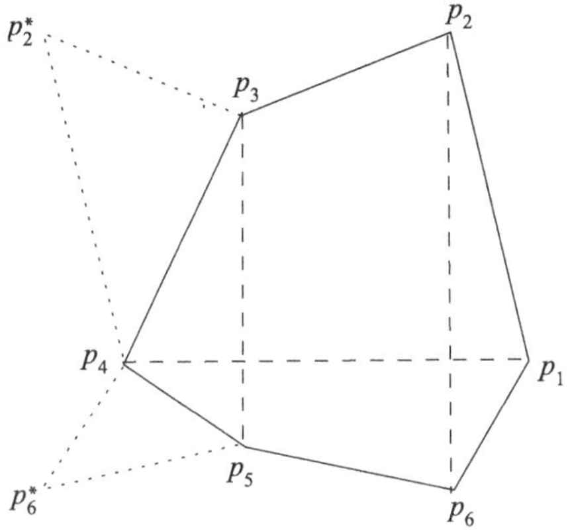

图 7.4

这时，考虑到格堆积的周期性可以导出

$$p_3 - p_2^* = p_6 - p_5$$

以及

$$\delta^*(K) \geqslant \frac{v(K)}{v(P)} \geqslant \frac{v(Q)}{v(P)} \geqslant \frac{2}{3}.$$

等号成立的情况可以逐次导出. 证毕.

定理 7.2(C. A. Rogers)　对任意二维凸区域 K, 都有

$$\delta(K) = \delta^*(K).$$

证明思路　显然，由(7.1)只需证明

$$\delta(K) \leqslant \delta^*(K). \qquad (7.2)$$

首先,证明这一结论对一类特殊的凸区域(三边域)是正确的.如果存在一个对边平行的六边形 $H=aubvcw$ 满足条件

$$\{a,b,c\} \subset K \subseteq H,$$

就称 K 是一个三边域,如图 7.5 所示.

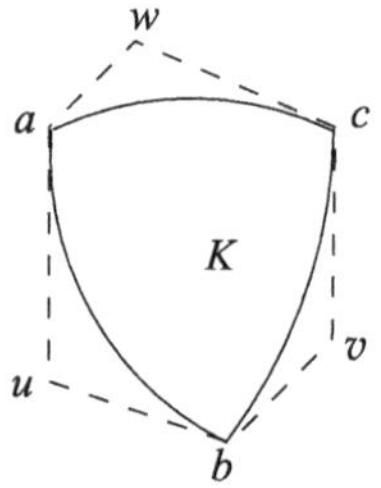

图 7.5

为了讨论方便,总假定 ua 是向上的.

假设 $K+X$ 是凸域 K 的一个平移堆积.对每一个平移体 $K+x$ 定义一个伴随域 $G(x)$.详细地讲,$G(x)$是由所有满足如下条件的向上线段[yz]的并集合:$y\in K+x$,并且[yz]不与任何其他平移体相交.当然,伴随域不一定是凸的,也不一定是闭的.但是,通过它可以定义一个局部密度

$$\delta = \frac{v(K)}{v(G(x))}.$$

通过考虑如下两种情况,来比较 δ 和 $\delta^*(K)$

的大小：

(1) 伴随域 $G(x)$ 及其相邻平移体构成如图 7.6 所示的形状.

这时，可以将这一局部堆积扩展成为一个格堆积从而导出

$$\delta \leqslant \delta^*(K).$$

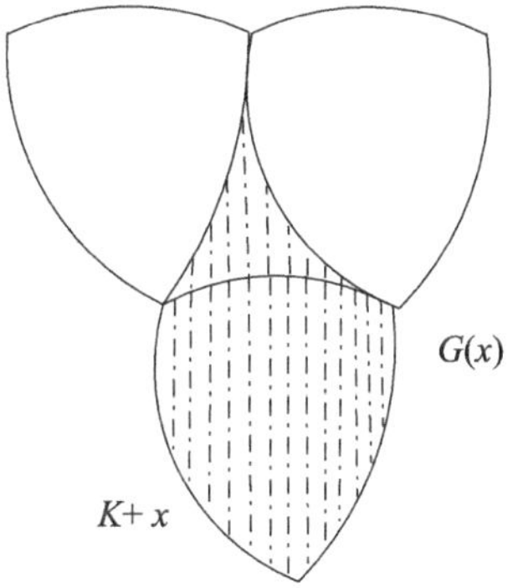

图 7.6

(2) 图 7.6 中的伴随域与某一平移体 $K+y$ 相交.

这时，由于 $\widehat{ab}$ 和 $\widehat{bc}$ 都是凹曲线，并且 ua 是向上的，可以证明 $v(G(x))$ 在图 7.7 的局部结构中达到极小值.

容易看出，图 7.7 所示的局部堆积也可以扩展成为一个格堆积. 所以也得到

$$\delta \leqslant \delta^*(K).$$

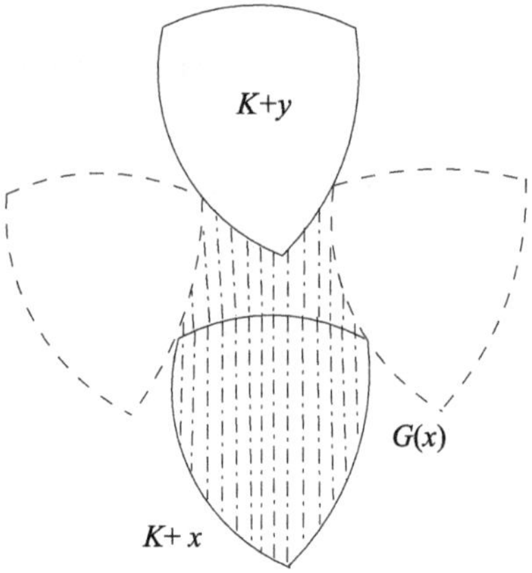

图 7.7

从这两种情况可以导出(7.2)对三边域都是对的.

第二,由图 7.8 可以导出每一个中心对称的凸域都是某个三边域的差集合.

图 7.8

第三,如第 4 章中所证对任一凸集 S,

$$(S+x)\cap(S+y)\neq\varnothing$$

当且仅当

$$\left(\frac{1}{2}D(S)+x\right)\cap\left(\frac{1}{2}D(S)+y\right)\neq\varnothing.$$

所以有

$$\delta(K)=\delta^*(K)\Leftrightarrow\delta(D(K))=\delta^*(D(K)).\tag{7.3}$$

总结 因为

$$\delta(K)=\delta^*(K)$$

对所有的三边域都是正确的,通过两次运用(7.3)(三边域⇒中心对称凸域⇒一般凸区域)可以证明它对所有的平面凸区域都是正确的. 定理得证.

注 7.2 这一著名定理是由 Rogers 于 1951 年证明的. 这里所介绍的漂亮证明是由 L. Fejes Tóth 于 1983 年发现的.

由于格堆积是非常有规律的,基于这一定理可以导出一些确定 $\delta(C)$ 的具体方法. 下面介绍两个:

定理 7.3(Mahler) 假设 $H(C)$ 是内接于 C 的一个最小仿射正六边形[①],那么

① 由正六边形经过非奇异线性变换得到的六边形.

$$\delta(C)=\frac{3v(C)}{4v(H(C))}.$$

定理 7.4(Lekkerkerker) 假设 $H'(C)$是外切于 C 的一个最小对称六边形,那么

$$\delta(C)=\frac{v(C)}{v(H'(C))}.$$

例 7.1(Lagrange 和 Thue)

$$\delta(B^2)=\delta^*(B^2)=\frac{\pi}{\sqrt{12}}\approx 0.906899682\cdots.$$

注 7.3 如果没有定理 7.2～7.4,那么证明 $\delta(B^2)=\frac{\pi}{\sqrt{12}}$将是一件较复杂的事情.挪威数学家 Thue 正是在这种条件下完成该证明的. $\delta^*(B^2)=\frac{\pi}{\sqrt{12}}$则是由 Lagrange 通过系统研究两个变量的正定二次型理论得到的.

例 7.2(Mahler 和 Reinhardt) 如果 P_8 是一个正八边形,那么

$$\delta(P_8)=\delta^*(P_8)=\frac{4}{7}(3-\sqrt{2})$$
$$\approx 0.906163678\cdots.$$

注 7.4 比较以上两个例子容易发现

$$\delta(P_8)<\delta(B^2).$$

事实上,Mahler 和 Reinhardt 还发现了一个中

心对称凸域 C 满足

$$\delta^*(C)=\frac{8-4\sqrt{2}-\ln 2}{2\sqrt{2}-1}=0.90241418\cdots.$$

这确实是一个非常惊人的现象. 基于这一发现,自然会有如下问题,它是二维数的几何中最著名的未解决问题:

问题 7.1(Mahler 和 Reinhardt) 确定

$$\min_{C}\{\delta(C)\}$$

的值以及相应的二维中心对称凸域 C.

注 7.5 K. Mahler (1903～1988), 生于德国,由于二战长期侨居英国和澳大利亚,世界著名数论学家,在数的几何、超越数论和丢番图逼近等领域做出了重要贡献,共发表 220 余篇数学论著. 尤其以他的超越数分类理论、Mahler 选择定理和对相继极小的猜想而著称. 他曾任曼彻斯特大学和堪培拉大学教授、英国皇家学会会员和澳大利亚科学院的院士. 他精通汉语,热爱中国文化.

8 凸体的堆积密度Ⅱ

早在 1611 年，Kepler 曾研究过堆球问题并提出了如下猜想：

$$\delta(B^3)=\frac{\pi}{\sqrt{18}}.$$

在 1900 年于巴黎举行的世界数学家大会上，Hilbert 提出了他的 23 个著名的数学问题，其中，作为第 18 问题的一部分他强调了如下问题：

假设 K 是一个三维物体，如球或四面体，试确定它的最大堆积密度 $\delta(K)$.

显然，这一问题的单位球情形正是 Kepler 猜想. 这一问题曾被许多杰出的数学家研究过，包括 Gauss，Minkowski，Blichfeldt，Rankin，

Hlawka, Rogers, L. Fejes Tóth 等. 近年来, Hsiang 和 Hales 对这一问题作了深入的研究. Hales 借助计算机的证明正在逐步被数学界所接受.

假设 X 是 E^n 中的一个离散点集,称 $C+X$ 是一个堆积,如果

$$(\mathrm{int}(C)+x)\cap(\mathrm{int}(C)+y)=\varnothing$$

对 X 中的任意互异点 x 和 y 都成立. 对 X 中的任一点 x_i 定义

$$D(x_i)=\{x\in E^n: \|x,x_i\|\leqslant\|x,x_j\|,\\ x_j\in X\}.$$

也就是说, $D(x_i)$ 是 n 维欧氏空间中所有到 x_i 的距离都不大于到 X 中任一其他点的距离的点构成的集合. 通常称其为一个 Dirichlet-Voronoi 多面体.

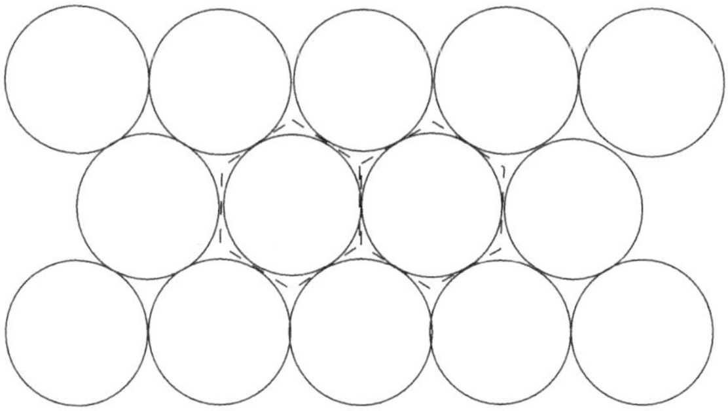

图 8.1

特别地，如果 B^3+X 是一个堆积，那么有

$$B^3+x_i \subseteq D(x_i),$$

所以

$$\delta(x_i)=\frac{v(B^3)}{v(D(x_i))}$$

定义了一个局部密度. 如果能够证明

$$\delta(x_i)\leqslant\frac{\pi}{\sqrt{18}}$$

对任意球堆积 B^3+X 中的每一个点 x_i 都成立，那么 Kepler 猜想就成立. 遗憾的是，如图 8.2 所示可以构造出一个堆积 B^3+X 并从中找到一个 x_i 满足

$$\delta(x_i)>\frac{\pi}{\sqrt{18}}.$$

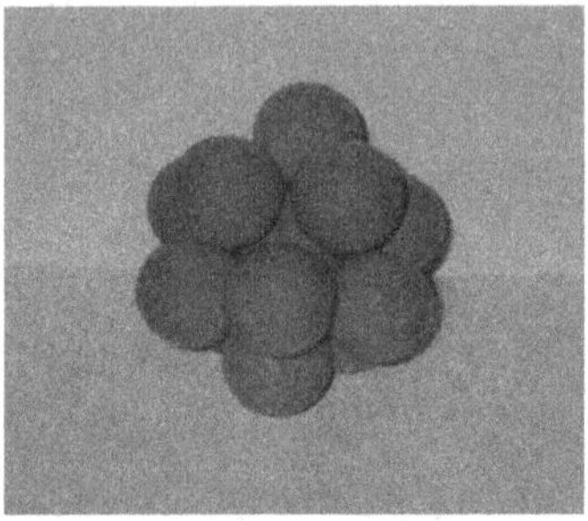

图 8.2

这一现象是由 L. Fejes Tóth 于半个世纪

以前发现的. 为了克服这一困难,他提出了对这些局部密度作加权平均的想法. 后来,著名数学家 Zassenhaus 也重申了这一想法,并提出了利用计算机的可能性. Hsiang 和 Hales 的工作都是基于这一基本思想.

如前所述,格是非常有规律的离散点集. 可想而知,对 $\delta^*(K)$ 的了解要比对 $\delta(K)$ 好得多. 例如,

球(B^3)	$\delta^*(B^3)=\frac{\pi}{\sqrt{18}}$	Gauss
正八面体(O)	$\delta^*(O)=\frac{18}{19}$	Minkowski
柱($C\oplus I$)	$\delta^*(C\oplus I)=\delta(C)$	Rogers
正四面体(T)	$\delta^*(T)=\frac{18}{49}$	Hoylman

注 8.1 早在一个世纪以前,Minkowski 对三维凸体的格堆积密度进行了深入地研究并取得了一套理论方法. 通过这一方法他确定了正八面体的格堆积密度. 其实他当时的目的之一是确定一个四面体的格堆积密度,因为他曾错误地“证明”正四面体的差体是一个正八面体. 实际上,正四面体的差体是图 8.3 所示的形状. 这一错误直到 1960 年才由 Groemer 所发现.

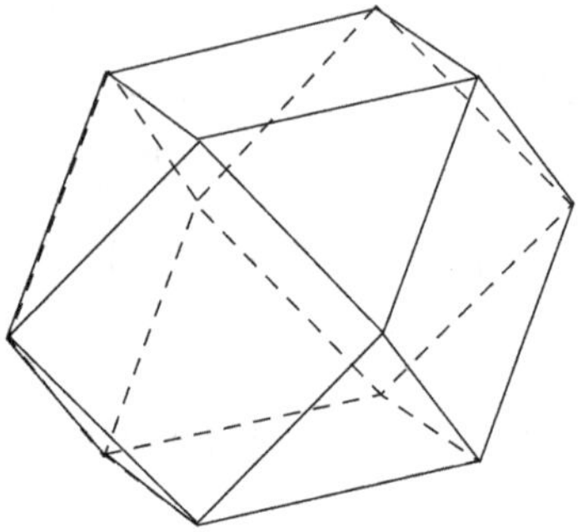

图 8.3

近年来，基于 Minkowski 的想法 Betke 和 Henk 设计了一个具体的算法，从而可以确定每一个三维多面体的最大格堆积密度.

在介绍堆积密度的主要结果之前，首先看一下球的格堆积理论与正定二次型理论之间的一个联系. 实际上，这正是 Minkowski 创立数的几何理论的主要动机.

假设 $F(x)$是一个实正定二次型，

$$F(x) = \sum_{i,j=1}^{n} a_{ij} x_i x_j = xAx',$$

并用 $\mathscr{F}$ 表示所有 n 元正定二次型构成的集合. 这时定义

$$m(F) = \min_{z \in Z^n \setminus \{o\}} \{F(z)\},$$

$$M(F) = \sharp \{z \in \mathbb{Z}^n : F(z) = m(F)\},$$

$$\gamma_n = \max_{F \in \mathscr{F}} \left\{ \frac{m(F)}{\sqrt[n]{\det A}} \right\}$$

和

$$k_n = \max_{F \in \mathscr{F}} \{ M(F) \}.$$

注 8.2 确定或估计 γ_n 和 k_n 是关于正定二次型理论的两个基本问题，其中，γ_n 被称为 Hermite 常数. 许多著名数学家作过这方面的研究.

关于 γ_n 和 k_n 有如下几个结果：

定理 8.1

n	γ_n	发现者	发现日期
2	$\sqrt{4/3}$	Lagrange	1773
3	$\sqrt[3]{2}$	Gauss	1831
4	$\sqrt{2}$	Korkin, Zolotarev	1872
5	$\sqrt[5]{8}$	Korkin, Zolotarev	1877
6	$\sqrt[6]{64/3}$	Blichfeldt	1925
7	$\sqrt[7]{64}$	Blichfeldt	1926
8	2	Blichfeldt	1934

定理 8.2(Hermite, 1850)

$$\gamma_n \leqslant \left(\frac{4}{3}\right)^{(n-1)/2}.$$

定理 8.3(Watson, 1971)

n	2	3	4	5	6	7	8	9
k_n	6	12	24	40	72	126	240	272

注 8.3 事实上,定理 8.3 就是定理 4.4. 下述(8.1)可以说明这一关系.

在历史上,关于正定二次型的算术结论通常是通过递归(reduction)的思想方法取得的. 所谓递归就是将一个一般的正定二次型经过一个模变换[①]变成一个较特殊的正定二次型.

例 8.1 任一两个变元的正定二次型都可以经过递归变为

$$F(x) = a_{11}x_1^2 + 2a_{12}x_1x_2 + a_{22}x_2^2,$$

其中,

$$\begin{cases} a_{11} \leqslant a_{22}, \\ 0 \leqslant 2a_{12} \leqslant a_{11}. \end{cases}$$

这一方法对较小的 n 是有效的,定理 8.1 中的结论都是利用这一思想方法得到的. 但是,当 n 较大时这一方法就太复杂了.

① 行列式的绝对值为 1 的整数矩阵所对应的线性变换.

如前面所说,确定或估计 γ_n 和 k_n 的值是数论中的两个基本问题. 实际上,它们与 $\alpha^*(B^n)$和 $\delta^*(B^n)$通过如下关系而密切相关:

$$k_n = \alpha^*(B^n) \tag{8.1}$$

和

$$\gamma_n = 4\left(\frac{\delta^*(B^n)}{\omega_n}\right)^{2/n}, \tag{8.2}$$

其中,ω_n 表示单位球 B^n 的体积.

作为例子,简要推导 (8.2). 如果

$$F(x) = xAx' = xBB'x' = \langle xB, xB\rangle,$$

其中,B 是一个 $n\times n$ 的非奇异矩阵. 那么定义

$$\Lambda = \{zB : z \in \mathbb{Z}^n\}.$$

容易看出 $\frac{1}{2}\sqrt{m(F)}B^n + \Lambda$ 是 E^n 中的一个格堆积. 所以可以导出

$$\delta^*(B^n) = \max_F\left\{\frac{\omega_n m(F)^{n/2}}{2^n \det B}\right\}$$
$$= \frac{\gamma_n^{n/2}\omega_n}{2^n}.$$

这样就导出了(8.2).

注 8.4 显然有

$$\delta^*(B^n) < 1.$$

另外,n 维单位球的体积是

$$\omega_n = \frac{\pi^{n/2}}{\Gamma(n/2+1)}.$$

仅仅从这两点出发，由 Stirling 公式可以将定理 8.2 改进为

$$\gamma_n \leqslant \frac{n}{2\pi e} + o(1).$$

可见，貌似简单的几何方法有时是非常有力度的.

由(8.2)也可以将定理 8.1 以球堆积的语言重新叙述为

定理 8.1*

n	$\delta^*(B^n)$	发现者	发现日期
2	$\pi/\sqrt{12}$	Lagrange	1773
3	$\pi/\sqrt{18}$	Gauss	1831
4	$\pi^2/16$	Korkin, Zolotarev	1872
5	$\pi^2/15\sqrt{2}$	Korkin, Zolotarev	1877
6	$\pi^3/48\sqrt{3}$	Blichfeldt	1925
7	$\pi^3/105$	Blichfeldt	1926
8	$\pi^4/384$	Blichfeldt	1934

注 8.5 H. F. Blichfeldt (1873～1945)，生于丹麦的美国数学家，曾于 1898 年在 Sophus

Lie 的指导下于莱比锡大学获博士学位. 曾长期担任斯坦福大学教授和数学系主任. 他发表的工作不多,却在数的几何领域做出了艰深的工作,曾任美国科学院院士和美国数学会的副主席.

在研究堆积密度的漫长过程中,人们发现了多种有效的方法并取得了一些重要结论. 例如,Blichfeldt 的质密度方法、Rogers 的空间刨分方法和线性规划方法等. 由于篇幅所限,无法在此介绍这些天才的方法,而只是简单介绍几个著名结论.

定理 8.4(Minkowski-Hlawka)

$$\delta^*(C) \geqslant \frac{\zeta(n)}{2^{n-1}},$$

其中,$\zeta(n)$是 Riemann 的 zeta 函数.

注 8.6 早在 1900 年,Minkowski 证明了

$$\delta^*(B^n) \geqslant \frac{\zeta(n)}{2^{n-1}}$$

并猜测这一下界对任一 n 维中心对称凸体都成立. 1941 年, Hlawka 证明了这一猜想. 这一结论是数的几何领域最著名的定理之一. Hlawka 的证明是通过对给定凸体的特征函数的一个复合函数在所有满足 $d(\Lambda)=1$ 的格构成的集合上

的平均值的估计而导出的. 在过去的近七十年中,许多著名数学家简化和改进过这一定理. 例如,K. Mahler, H. Weyl, C. L. Siegel, W. Schmidt, C. A. Rogers, H. Davenport 等. 然而,至今所得到的改进只是

$$\delta^*(C) \geqslant \frac{n\zeta(n)}{2^{n-1}}.$$

定理 8.5(Kabatjanski 和 Levenstein)

$$\delta(B^n) \leqslant 2^{-0.599n(1+o(1))}.$$

定理 8.6(Cohn 和 Kumar)　在 E^{24} 有

$$\delta^*(B^{24}) = 0.001930\cdots,$$

其中,相应的最佳格是著名的 Leech 格.

注 8.7　定理 8.5 和定理 8.6 的证明是基于著名的线性规划方法. 对这一方法感兴趣的读者可参见(Zong,1999).

注 8.8　E. Hlawka (1916～),奥地利著名数学家,曾荣获 4 个荣誉博士头衔并是 5 个科学院的院士. 他曾先后任维也纳大学和维也纳科学技术大学教授. Hlawka 教授共发表近 100 篇数学论文,尤其以他在数的几何(特别是 Minkowski-Hlawka 定理)和一致分布理论中的杰出贡献而著称. 他是 20 世纪数的几何领域最著名的数学家之一.

9 凸体的覆盖密度

用 $M(l)$ 表示能够覆盖边长为 l 的正方形所需单位圆盘的最少个数,称

$$\theta(B^2)=\lim_{l\to\infty}\frac{M(l)\cdot v(B^2)}{v(lI^2)}=\lim_{l\to\infty}\frac{M(l)\cdot \pi}{l^2}$$

为圆盘覆盖 E^2 的最佳密度.

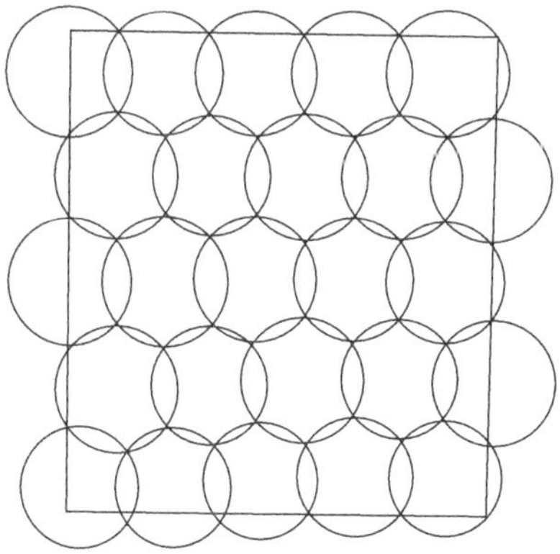

图 9.1

类似地，对一个 n 维凸体 K，用 $M(K,l)$ 表示能够覆盖边长为 l 的立方体所需 K 的平移体的最少个数，称

$$\theta(K)=\lim_{l\to\infty}\frac{M(K,l)\cdot v(K)}{v(lI^n)}=\lim_{l\to\infty}\frac{M(K,l)\cdot v(K)}{l^n}$$

为 K 覆盖 E^n 的最佳密度.

注 9.1 事实上，与堆积密度相类似，在以上定义中单位立方体也只是一个参照对象，并不影响定义. 换句话说，假设 D 是一个 n 维凸体，$M(K,lD)$ 表示覆盖 lD 所需 K 的平移体的最小个数. 那么有

$$\lim_{l\to\infty}\frac{M(K,lD)\cdot v(K)}{v(lD)}=\lim_{l\to\infty}\frac{M(K,l)\cdot v(K)}{v(lI^n)}=\theta(K).$$

这一结论可以通过用一系列立方体的并集合逼近 D 导出.

如果 $K+\Lambda$ 是 E^n 的一个格覆盖. 也就是说，Λ 是一个格且满足 $K+\Lambda=E^n$. 由格的周期性容易看出，这一覆盖的密度是

$$\theta(K,\Lambda)=\frac{v(K)}{d(\Lambda)}.$$

这样,定义

$$\theta^*(K)=\min_{\Lambda}\frac{v(K)}{d(\Lambda)},$$

其中,极小取遍所有使 $K+\Lambda$ 构成覆盖的格. 由于格是一类特殊的离散点集,有

$$\theta(K)\leqslant\theta^*(K).$$

另外,容易验证:假设一个非奇异线性变换将 K 变为 K',那么

$$\theta(K)=\theta(K')$$

和

$$\theta^*(K)=\theta^*(K').$$

特别地,对所有的 n 维椭球 E 有

$$\theta(E)=\theta(B^n)$$

和

$$\theta^*(E)=\theta^*(B^n).$$

在低维空间,相对于堆积密度,对覆盖密度知之甚少. 然而,在高维空间,对覆盖密度却远比对堆积密度了解得好. 在这一章将简单介绍几个主要结果.

定理 9.1(L. Fejes Tóth) 对每一个中心对称的凸区域 C 都有

$$\theta(C)=\theta^*(C).$$

要证明这一定理,需要 Dowker 的如下引理:

引理 9.1 假设 K 是一个平面凸区域,并用 $f(n)$表示内接于 K 的 n 边形的最大面积. 当 $n\geqslant 4$时, 总有

$$f(n-1)+f(n+1)\leqslant 2f(n).$$

证明思路 假设 $P_{n-1}=\operatorname{conv}\{a_1,a_2,\cdots,a_{n-1}\}$是这样一个$(n-1)$边形,$P_{n+1}=\operatorname{conv}\{b_1,b_2,\cdots,b_{n+1}\}$是这样一个$(n+1)$边形(为方便起见,假定这些多边形的顶点都以逆时针顺序排列). 在这两个多边形的顶点的基础上,希望构造出 K 的两个内接n 边形 Q_1 和 Q_2 满足

$$v_2(P_{n-1})+v_2(P_{n+1})\leqslant v_2(Q_1)+v_2(Q_2).$$

为了达到这一目的,考虑两种情况:

(1) $a_1\leqslant b_1<b_2<b_3<a_2$ 如图 9.2 所示(这里$\leqslant$和$<$表示$\partial(C)$上点的相对位置).

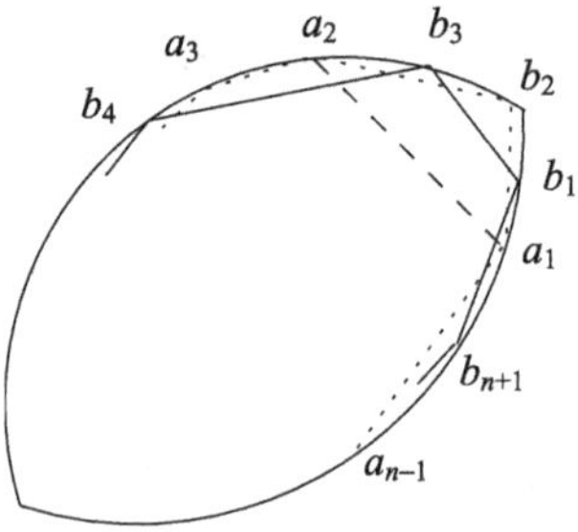

图 9.2

在这种情况下,定义

$$Q_1 = \mathrm{conv}\{a_1, b_2, a_2, \cdots, a_{n-1}\}$$

和

$$Q_2 = \mathrm{conv}\{b_1, b_3, \cdots, b_{n+1}\}.$$

这时可以导出

$$\begin{aligned} & v_2(Q_1) + v_2(Q_2) - v_2(P_{n-1}) - v_2(P_{n+1}) \\ & \quad = v_2(T_1) - v_2(T_2) \geqslant 0, \end{aligned}$$

其中,$T_1 = \mathrm{conv}\{a_1, b_2, a_2\}$和 $T_2 = \mathrm{conv}\{b_1, b_2, b_3\}$.

(2) 其他情况. 不失一般性,可以假定 P_{n-1} 和 P_{n+1}的顶点满足条件 $a_1 \leqslant b_1 < b_2 < a_2 \leqslant a_{s-1} \leqslant b_s < b_{s+1} < a_s$,如图 9.3 所示.

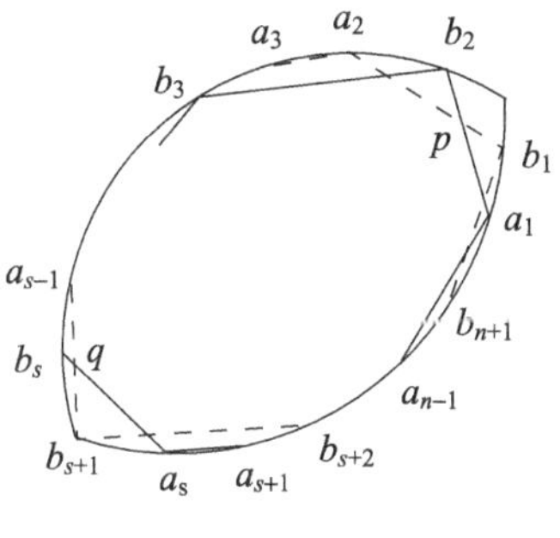

图 9.3

在这种情况下,取

$$Q_1 = \mathrm{conv}\{a_1, b_2, \cdots, b_s, a_s, \cdots, a_{n-1}\}$$

和

$$Q_2 = \mathrm{conv}\{b_1, a_2, \cdots, a_{s-1}, b_{s+1}, \cdots, b_{n+1}\}.$$

这时，有

$$\begin{aligned} & v_2(Q_1) + v_2(Q_2) - v_2(P_{n-1}) - v_2(P_{n+1}) \\ = & v_2(T_1) - v_2(T_2) + v_2(T_3) - v_2(T_4) \\ \geqslant & 0, \end{aligned}$$

其中，$T_1 = \mathrm{conv}\ \{a_1, p, a_2\}$，$T_2 = \mathrm{conv}\{b_1, p, b_2\}$，$T_3 = \mathrm{conv}\ \{a_{s-1}, q, a_s\}$以及 $T_4 = \mathrm{conv}\{b_s, q, b_{s+1}\}$.

总结以上两种情况，引理得证.

注 9.2 如果对 $0 \leqslant t < 1$ 补充定义

$$\begin{aligned} f(n+t) &= f(n) + t(f(n+1) - f(n)) \\ &= (1-t)f(n) + tf(n+1), \end{aligned}$$

那么 $f(x)$在 $x \geqslant 4$ 时是一个凸函数.

引理 9.2 用 C 表示一个中心对称的平面区域，m 是一个偶数. 那么，C 有一个极大内接 m 边形 P_m 是中心对称的.

现在可以证明定理 9.1 了.

定理 9.1 的证明思路 假设 $C+X$ 是 lI^2 的一个覆盖且具有 $M(K,l)$个平移体. 这时可以将 lI^2 划分成 $M(K,l)$个满足

$$P_i \subseteq C + x_i$$

且内部互不相交的凸多边形 $P_1, P_2, \cdots, P_{M(K,l)}$ (图 9.4).

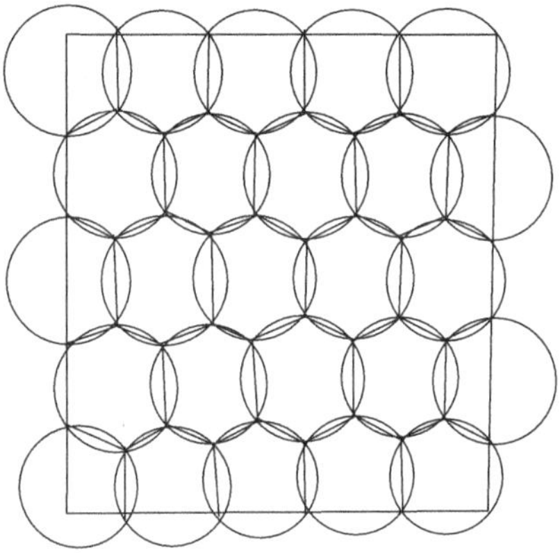

图 9.4

不失一般性,可以假设其中的任意 4 个多边形都不交于同一点. 在这一划分中,假设共有 v 个点和 e 个边. 根据 Euler 恒等式有

$$v-e+M(C,l)=1. \qquad (9.1)$$

为方便起见,用 p_i 表示 P_i 的边数. 这时可以得到

$$e=\frac{1}{2}\sum_{i=1}^{M(C,l)} p_i+\frac{1}{2}E \qquad (9.2)$$

和

$$3v-4=2e=\sum_{i=1}^{M(C,l)} p_i+E, \qquad (9.3)$$

其中，E 表示 lI^2 的边界被截成的段数. 由(9.1)～(9.3)得到

$$\frac{\sum_{i=1}^{M(C,l)} p_i}{M(C,l)} = 6 - \frac{E-2}{M(C,l)} < 6.$$

由注 9.2，有

$$l^2 = \sum_{i=1}^{M(C,l)} v_2(P_i) \leqslant \sum_{i=1}^{M(C,l)} f(p_i)$$

$$\leqslant M(C,l) \cdot f\left(\frac{\sum p_i}{M(C,l)}\right) \leqslant M(C,l) \cdot f(6).$$

换句话说，

$$\frac{M(C,l) \cdot v_2(C)}{l^2} \geqslant \frac{v_2(C)}{f(6)}.$$

这样，由引理 9.2 以及每一个对称六边形都是一个平铺体(tile)[①]这一著名结论可以导出定理.

例 9.1(Kerschner)

$$\theta(B^2) = \frac{2\pi}{\sqrt{27}}.$$

注 9.3 如果不利用定理 9.1 这一结果并不容易证明.

---

① 平铺体是指存在一个离散点集 X，使得 $K+X$ 既是一个堆积又是一个覆盖的凸体 K. 在平面上只有对称六边形和平行四边形两种.

定理 9.2 (L. Fejes Tóth 和 Fáry)　在平面中,有

$$\theta^*(C) \leqslant \frac{2\pi}{\sqrt{27}}$$

和

$$\theta^*(K) \leqslant \frac{3}{2},$$

其中,前一个等号成立当且仅当 C 是一个椭圆而后一个等号成立当且仅当 K 是一个三角形.

为了证明这一定理,首先介绍一个基本引理.

引理 9.3(Sas)　假设 n 是一个不小于 3 的自然数,K 是一个凸区域. 如果用 β_n 表示内接于 K 的 n 边形的最大面积,那么

$$\beta_n \geqslant \frac{n}{2\pi}\sin\frac{2\pi}{n}v(K),$$

其中,等号成立当且仅当 K 是一个椭圆.

证明要点　不失一般性,假设 K 的边界过 $(-1,0)$和$(1,0)$两点并可表示为

$$\begin{cases} x = \cos\theta, \\ y = f(\theta)\sin\theta, \end{cases}$$

其中,$0\leqslant\theta\leqslant 2\pi$ 是一个参变量, $f(\theta)$是一个以 2π 为周期的连续函数.

分别取 $\theta=\theta_1,\theta_2,\cdots,\theta_n$，得到 K 的一个内接 n 边形 P_n. 可以导出 P_n 的面积为

$$\frac{1}{2}\sum_{i=1}^{n} f(\theta_i)\sin\theta_i(\cos\theta_{i-1}-\cos\theta_{i+1}),$$

其中，$\theta_0=\theta_n,\theta_{n+1}=\theta_1$. 令

$$\theta_i=t+\frac{2(i-1)\pi}{n}$$

并记相应的多边形的面积为 $p_n(t)$，可以得到

$$p_n(t)=\sin\frac{2\pi}{n}\sum_{i=0}^{n-1} f\left(t+\frac{2i\pi}{n}\right)\sin^2\left(t+\frac{2i\pi}{n}\right)$$

以及

$$\frac{1}{2\pi}\int_0^{2\pi} p_n(t)\mathrm{d}t=\frac{n}{2\pi}\sin\frac{2\pi}{n}v(K).$$

所以一定存在一个 t_0 满足

$$p_n(t_0)\geqslant\frac{n}{2\pi}\sin\frac{2\pi}{n}v(K).$$

等式情况的证明还需要 Fourier 展开，就不在这里讨论了. 证毕.

定理 9.2 的证明思路　对称凸域的情况可由引理 9.3 和引理 9.2 直接导出.

下面证明一般情况. 对任一给定单位方向 u 总能找到一个仿射正六边形

$$P=\operatorname{conv}\{p_1,p_2,p_3,p_4,p_5,p_6\}\subseteq K,$$

使得 p_2p_3 和 p_6p_5 都与 u 平行且至少有 5 个顶

点在凸域的边界上(图 9.5).

通过连续转动 u 可以证明 K 一定有一个内接仿射正六边形(图 9.6).

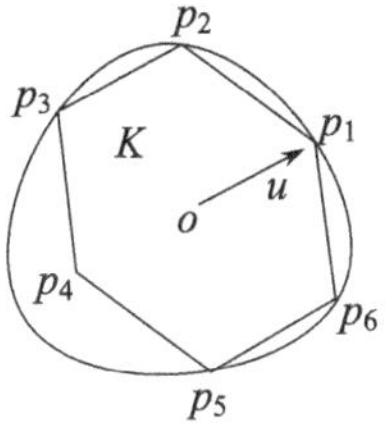

图 9.5

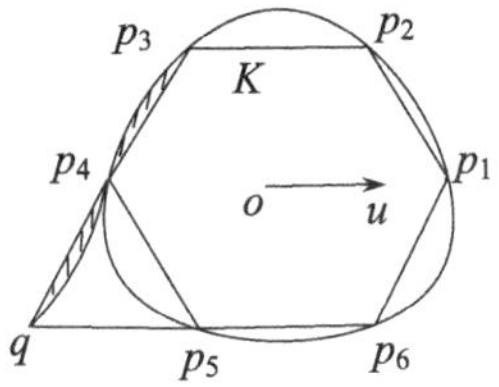

图 9.6

容易看出,两个阴影区域是全等的(因为它们以 p_4 点对称). 所以可以导出

$$\theta^*(K) \leqslant \frac{3}{2}.$$

至于等号的情形,就不在这里讨论了. 证毕.

注 9.4 曾提到 $K+X$ 是一个平移堆积当且仅当$\frac{1}{2}D(K)+X$ 构成一个堆积. 然而,对于覆盖理论没有类似的结论. 事实上,对如下著名问题都不知道在二维空间的答案.

问题 9.1 对每一个凸体 K, 是否总有

$$\theta(K) = \theta^*(K)?$$

在高维空间有如下著名结果:

定理 9.3(Rogers)　对每一个 n 维凸体 K，有

$$\theta(K) \leqslant n\log n + n\log\log n + 5n$$

和

$$\theta^*(K) \leqslant n^{\log_2 n + c\log\log n}.$$

定理 9.4(Coxeter，Few 和 Rogers)　当 n 足够大时，有

$$\theta(B^n) \gg \frac{n}{e\sqrt{e}}.$$

比较这两个定理可以看出，前者中的上界已经非常好了. 至于球的覆盖，只知道如下精确结果：

定理 9.5

n	2	3	4	5
$\theta^*(B^n)$	$\frac{2\pi}{\sqrt{27}}$	$\frac{5\sqrt{5}\pi}{\sqrt{24}}$	$\frac{2\pi^2}{5\sqrt{5}}$	$\frac{245\sqrt{35}\pi^2}{3888\sqrt{3}}$
发现者	Kershner	Bambah，Barnes	Delone，Ryskov	Ryskov

注 9.5　自 20 世纪 60 年代以来，关于凸体覆盖理论几乎没有任何进展. 对这一领域感兴趣的读者可以参见 Rogers 的名著 Packing and Covering.

注 9.6　C. A. Rogers (1920～2005)，英国著名数学家，皇家学会会员. 曾任伦敦大学教

授,伦敦数学会主席. 他在数的几何、凸几何和几何测度论中做出了杰出的工作. 尤其以对堆积与覆盖的密度估计,Busemann-Pitty 问题的第一个反例以及对差集的体积估计而著称. 他的著作 Packing and Covering 是最经典的数学文献之一.

注 9.7 H. S. M. Coxeter (1907～2003),加拿大著名数学家,生于伦敦,于 1931 在剑桥大学获博士学位,自 1936 年起任加拿大多伦多大学教授,是加拿大历史上最伟大的数学家. 曾任英国皇家学会会员、加拿大皇家学会会员和美国艺术与科学院的院士以及美国数学会副主席. 数学中有许多术语是以他的名字命名的,如 Coxeter group, Coxeter graph, Coxeter diagram 等. 他是一位非常多产的数学家,共发表论文 200 余篇,出版著作 10 余部.

10 堆积中的深洞

假设 C 是一个 n 维的中心对称凸体，$C+X$ 是 E^n 中的一个平移堆积. 那么一定存在一个最小的非负实数 $\varphi(C,X)$，使得 $\varphi(C,X)C+X$ 是 E^n 的一个覆盖. 这时定义

$$\varphi(C)=\min_{X}\{\varphi(C,X)\},$$

其中，极小值取遍所有使得 $C+X$ 是一个平移堆积的离散点集 X.

类似地，定义

$$\varphi^*(C)=\min_{\Lambda}\{\varphi(C,\Lambda)\},$$

其中，极小值取遍所有使得 $C+\Lambda$ 是一个格堆积的格 Λ.

由于 C 是中心对称的，$d=\varphi(C,X)-1$ 是具有如下性质的最大数：

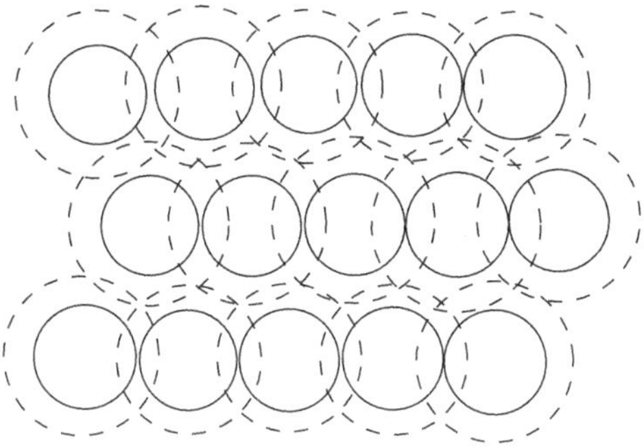

图 10.1

在平移堆积 $C+X$ 中可以放入 dC 的一个适当平移体.

由于这一原因,有时称 d 为堆积 $C+X$ 的洞深.定义

$$r=\varphi(C)-1.$$

可见,r 是具有如下性质的最大数:

在任一平移堆积 $C+X$ 中都可以放入 rC 的一个平移体.

类似地,定义

$$r^{*}=\varphi^{*}(C)-1.$$

可见,r^{*} 是具有如下性质的最大数:

在任一格堆积 $C+\Lambda$ 中都可以放入 $r^{*}C$ 的一个适当平移体.

1950 年,C. A. Rogers 引入了 $\varphi(C)$ 和

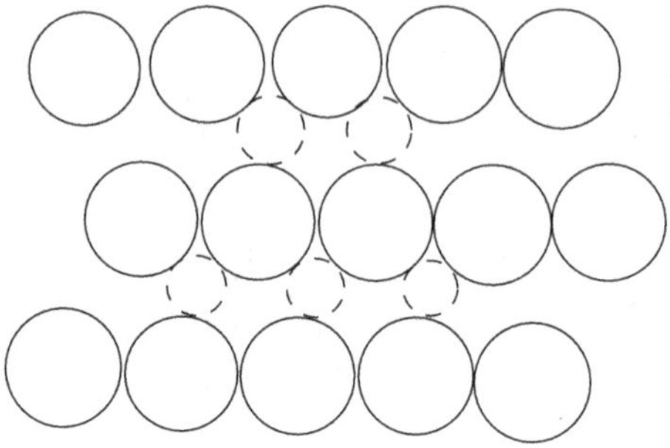

图 10.2

$\varphi^*(C)$并研究了如下问题:

深洞问题 试确定

$$\varphi_n = \max_C \varphi(C)$$

和

$$\varphi_n^* = \max_C \varphi^*(C),$$

这里的极大值取遍所有 n 维中心对称的凸体.

注 10.1 这是数的几何领域的核心问题之一. 它与许多其他重要问题密切相关, 如 Minkowski-Hlawka 定理和 Lovász 的覆盖极小等. 这一问题曾被 Butler, Conway, L. Fejes Tóth, Lovász 等从不同的角度研究过.

注 10.2 假设 T 是一个平铺体,那么

$$\delta(T) = \delta^*(T) = \theta(T) = \theta^*(T) = 1.$$

这时,也有

$$\varphi(T)=\varphi^{*}(T)=1.$$

在平面中，平铺体只有平行六边形和平行四边形两种. 在三维空间中则有 5 种不同的平铺体，其中，有以平行六边形为底的柱体和平行六面体. 在高维空间，确定所有的平铺体是一个非常重要和困难的问题.

容易验证：假设一个非奇异线性变换将 C 变为 C'，那么

$$\varphi(C)=\varphi(C')$$

和

$$\varphi^{*}(C)=\varphi^{*}(C').$$

例 10.1 基于图 10.3 容易导出

$$\varphi(B^{2})=\varphi^{*}(B^{2})=\frac{2}{\sqrt{3}}=1.1547\cdots. \tag{10.1}$$

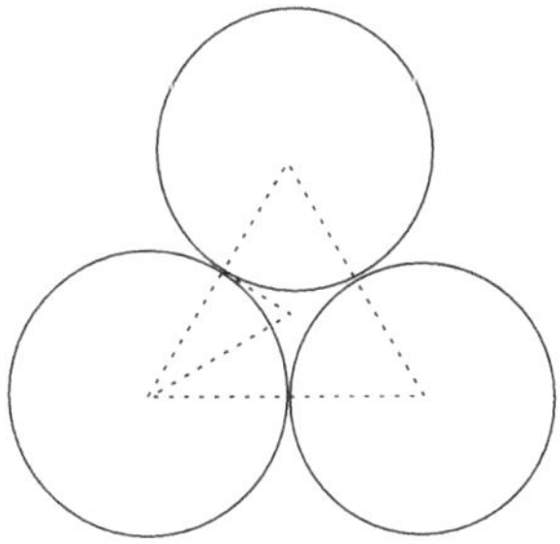

图 10.3

对于一般的二维中心对称凸体，有如下定理：

定理 10.1(Zong)　对任一中心对称的平面凸区域C有

$$\varphi(C)=\varphi^*(C)\leqslant 2(2-\sqrt{2})=1.17157\cdots,\qquad(10.2)$$

其中，等号成立当且仅当 C 是一个仿射正八边形. 也就是说，

$$\varphi_2=\varphi_2^*=2(2-\sqrt{2}).$$

假设 $v_1,v_2,\cdots,v_6$ 是 C 的一个内接对称六边形的 6 个顶点，m_i 是线段 v_iv_{i+1} 的中点，并假设 m_i^* 是C 的边界上在 m_i 方向的点. 这时对 $i=1, 2, 3$ 定义

$$f_i(v_1)=\frac{\| o,m_i^* \|}{\| o,m_i \|},\qquad(10.3)$$

其中，$\| x,y \|$ 表示 x 与 y 之间的欧氏距离. 为了证明定理 10.1 需要几个基本引理.

引理 10.1(Zong)　对任一给定点 $x\in\partial(C)$，总可以找到另外 5 个边界点 x_2,x_3,x_4,x_5 和 x_6，使得它们为一个仿射正六边形的 6 个顶点. 另外，如果 C 的边界是正规的，那么当 x 沿着$\partial(C)$移动时相应的 3 个函数 $f_1(x)$，$f_2(x)$和

$f_3(x)$都是 x 的连续函数.

注 10.3 通常,称 K 的边界是正规的,如果在每一个边界点都有且仅有一条切线.如果没有正规性假设,引理 10.1 中的第 2 部分不一定成立.例如,当 $C=\{(x,y): |x|\leqslant 1, |y|\leqslant 1\}$ 时相应的 $f_1(x)$在 $x=(1,0)$就不是连续的.

引理 10.2(Zong) 如果 $v_1v_2\cdots v_6$ 是 C 的一个内接中心对称六边形,那么

$$\varphi^*(C)\leqslant \max\{f_1(v_1),f_2(v_1),f_3(v_1)\}.$$

定理 10.1 的证明思路 定理 10.1 的证明异常复杂,既有灵巧的存在性讨论,也有复杂的构造.首先,由引理 10.1 可以导出任一中心对称的正规凸区域都存在一个内接仿射正六边形 $v_1v_2\cdots v_6$ 满足

$$f_1(v_1)\geqslant f_2(v_1)=f_3(v_1). \qquad (10.4)$$

另一方面,作为凸几何的一个基本结论知道对任一给定凸体 K 都存在一列正规凸体在 Hausdorff 度量的意义下收敛到 K.所以,(10.4)对所有的中心对称凸域都成立.

为了方便,用 $L(x,y)$表示过 x 和 y 的直线,简记

$$\alpha=2(2-\sqrt{2}),\quad \kappa=f_1(v_1),\quad \lambda=f_2(v_1),$$

并定义

$$\Lambda_1 = \{2z_2v_2 + 2z_3v_3 : z_i \in \mathbb{Z}\}.$$

容易验证 $C+\Lambda_1$ 是一个堆积.

基于图 10.4,如果

$$\sqrt{3}\left(1-\frac{\alpha\kappa}{2}\right)<\frac{\sqrt{3}\lambda(\alpha-1)}{4-3\lambda},$$

可以导出 $\alpha C+\Lambda_1$ 是一个覆盖,从而有 $\varphi^*(C)<\alpha$.

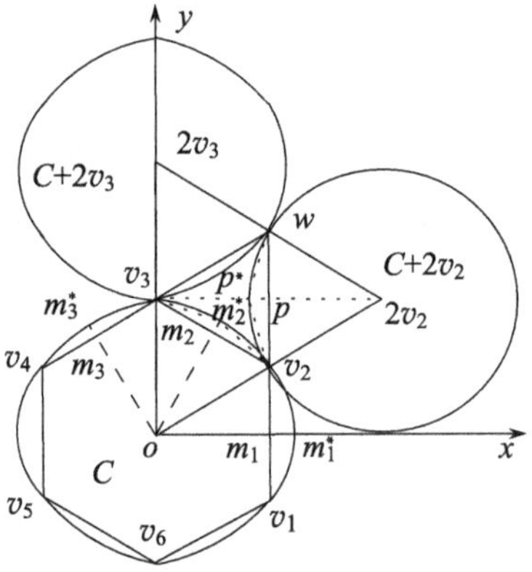

图 10.4

否则,如图 10.5 所示,在 m_1 和 m_1^* 之间取 p 满足

$$\frac{\|o, m_1^*\|}{\|o, p\|}=\alpha,$$

取 $q_1 \in L(v_1, m_1^*)$ 和 $q_2 \in L(v_2, m_1^*)$ 使得 $p \in$

$L(q_1,q_2)$并且$L(q_1,q_2)$平行于$L(v_1,v_2)$. 如果u_2是v_3q_2的中点,取u_2'为在u_2的方向上且满足

$$\frac{\| o,u_2' \|}{\| o,u_2 \|}=\alpha$$

的一点,并定义

$$\Lambda_2=\{2z_1m_1^*+2z_2u_2' : z_i\in\mathbb{Z}\}.$$

通过精细的计算,可以验证$C+\Lambda_2$是一个堆积并且$\alpha C+\Lambda_2$是一个覆盖. 这样可以得到

$$\varphi^*(C)\leqslant 2(2-\sqrt{2}).$$

当然,等式成立的情况需要更精细的分析. 证毕.

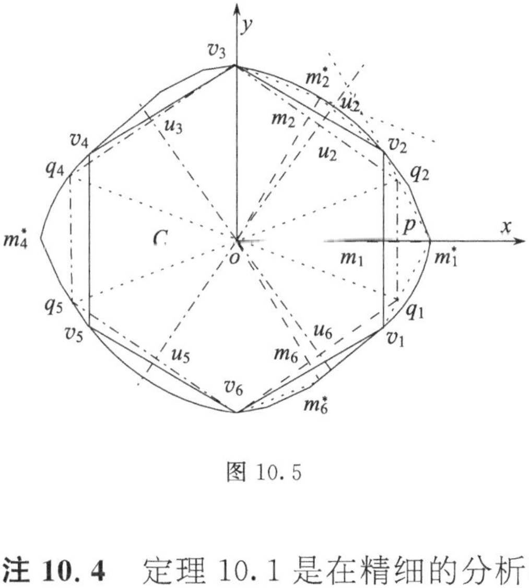

图 10.5

注 10.4 定理 10.1 是在精细的分析和巧

妙的构造基础上得以证明的. 它解决了一个具有五十多年历史的著名问题. 在此难以介绍它的证明细节. 用 P_n 表示正 n 边形, 利用证明过程中所发现的具体方法, 可以导出

$$\varphi(P_{12k}) = \varphi^*(P_{12k}) = \varphi(B^2) = \frac{2}{\sqrt{3}}.$$

比较(10.1)和(10.2)容易发现

$$\varphi(P_8) > \varphi^*(B^2).$$

这一现象与堆积密度理论中由 Mahler 和 Reinhardt 所发现的现象相吻合.

在 n 维空间, Rogers 在半个世纪以前提出并研究了如下著名问题:

问题 10.1 是否存在中心对称的凸体 C 满足

$$\varphi^*(C) \geqslant 2?$$

注 10.5 如果确实存在这样一个中心对称的凸体 C, 并假定 $C+\Lambda$ 是达到最大密度的一个格堆积. 这时可以将 C 的一个平移放入该堆积中. 事实上, 由于格的周期性, 可以将 $C+\Lambda$ 的一个适当平移放入该堆积中. 这样得到了

$$\delta(C) \geqslant 2\delta^*(C).$$

事实上, 至今还不清楚是否存在一个凸体 K 满足

$$\delta(K) > \delta^*(K).$$

另一方面,如果存在一个绝对常数 k,对所有的中心对称凸体 C 都满足

$$\varphi^*(C) < 2 - k.$$

那么,很容易导出

$$\delta^*(C) \geqslant (2-k)^{-n}.$$

这将大幅度地改进 Minkowski-Hlawka 定理.可见 Rogers 问题的深刻含义.

针对这一问题 Rogers 发现了 $\varphi^*(C)$的第一个上界

$$\varphi^*(C) < 3. \tag{10.5}$$

确切地说,他证明了如下结论:如果 $C+\Lambda$ 是一个格堆积且满足

$$\varphi(C,\Lambda) \geqslant 3,$$

那么就可以构造出一个 Λ',使得 $\Lambda \subset \Lambda'$ 且 $C+\Lambda'$仍是一个格堆积.

虽然离解答问题 10.1 还相差很远,Rogers 的上界已足以让每一个几何学家所赞叹了,因为它不仅与维数无关而且也与具体凸体无关.沿着这一方向,通过巧妙地结合 Rogers 的一个平均值方法和 Siegel 的一个平均值方法, Butler 于 1972 年得到了如下上界:

定理 10.2 当 n 足够大时，对任一 n 维中心对称的凸体 C 都有

$$\varphi^*(C) \leqslant 2 + o(1).$$

注 10.6 这一定理也没有解决问题 10.1，尽管看上去它离终点已经很近了. 由于 Butler 的证明异常繁琐，看懂已非常不易，实质性改进将会非常困难.

定理 10.3 存在一个只与维数 n 有关的常数 $c_n<2$. 对每一个 n 维中心对称凸体 C 都有

$$\varphi(C) \leqslant c_n.$$

可能有人会认为这是显然的，因为如果

$$\varphi(C, X) \geqslant 2,$$

那么可以在 $C+X$ 中添加 C 的一个平移体. 可细想一下，这一思路是行不通的.

证明思路 假设 C 是一个中心对称的 n 维凸体，$C+\Lambda$ 是一个格堆积. 如果

$$\varphi(C, \Lambda) \geqslant 2,$$

那么由 Λ 的周期性可以在 $C+\Lambda$ 中放入 $C+\Lambda+x_1$，其中，x_1 为一个适当的平移向量. 这时定义

$$X_1 = \Lambda \cup (\Lambda + x_1).$$

如果

$$\varphi(C, X_1) < 2,$$

已经得到

$$\varphi(C) < 2. \tag{10.6}$$

否则,可以在 $C+X_1$ 中再放入 $C+\Lambda$ 的一个平移 $C+\Lambda+x_2$. 以此类推,可以导出(10.6)对所有的 n 维中心对称凸体都是对的.

在此基础上,通过一个连续性的讨论(建立在凸体集构成的空间上,并赋以 Hausdorff 度量)可以导出结论. 证毕.

对于三维的情况,得到了如下上界. 当然,其证明是建立在非常复杂的既有存在性又有构造性的讨论上.

定理 10.4(Zong) 对每一个三维中心对称凸体 C 都有

$$\varphi^*(C) \leqslant 1.75.$$

接下来简单介绍球堆积的洞深问题. 首先,关于 $\varphi^*(B^n)$ 的精确值仅有如下结果:

定理 10.5

n	2	3	4	5
$\varphi^*(B^n)$	$\frac{2}{\sqrt{3}}$	$\sqrt{\frac{5}{3}}$	$\sqrt[4]{12}(\sqrt{3}-1)$	$\sqrt{\frac{3}{2}+\frac{\sqrt{13}}{6}}$
发现者		Böröczky	Horváth	Horváth

自然,人们会问:作为 n 的函数 $\varphi^*(B^n)$ 永远都是递增的吗?

让人意外的是,这一问题的结论是否定的.其实,这可以通过比较定理 10.5 和以下注中的结果所例证.

注 10.7 通过考虑球的一些特殊格堆积(如由 E_6^*, E_8 和 Λ_{24} 所产生的格堆积)可以得到

$$\varphi^*(B^n) \leqslant \sqrt{2}, \quad n = 6, 8, 24.$$

另一方面,Rogers 在研究 Dirichlet-Voronoi 多面体时曾发现

$$\varphi^*(B^n) \geqslant \sqrt{\frac{2n}{n+1}}.$$

在这些事实的基础上,有如下猜想:

猜想 10.1 (Zong)

$$\varphi(B^8) = \varphi^*(B^8) = \sqrt{2}$$

和

$$\varphi(B^{24}) = \varphi^*(B^{24}) = \sqrt{2}.$$

注 10.8 堆积中的深洞是一个非常有意思的研究方向,它与许多重要问题相关联.感兴趣的同事可以参见(Zong,2002).

11 有限堆积

假设 K 是一个 n 维凸体，m 是一个正整数. 很自然会问如下问题：

如何排放 m 个 K 的平移体，使得它们的凸闭包具有最小体积？

换句话说，找一个离散点集合

$$X = \{x_1, x_2, \cdots, x_m\},$$

使得 $K+X$ 中的平移体两两内部互不相交并且 $v_n(\operatorname{conv}\{K+X\})$ 达到极小值.

类似地，也很关心如下问题：

如何排放 m 个 K 的平移体，使得它们的凸闭包具有最小表面积(或通径)？

首先看两个平面上的例子. 为了方便，用 l 表示凸闭包的周长，用 s 表示凸闭包的面积.

例 11.1 K 为一个单位正方形且 $m=5$.

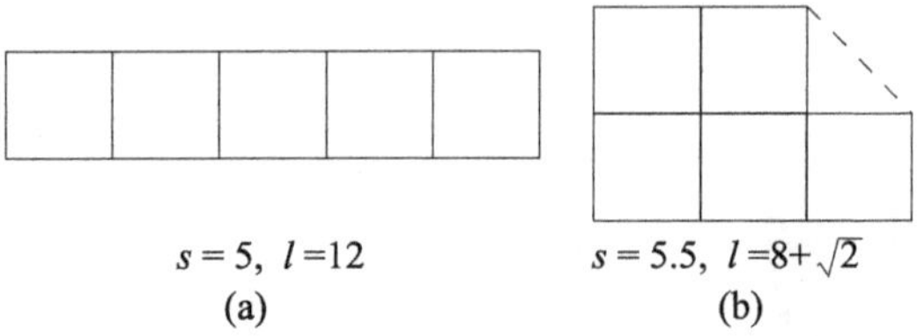

图 11.1

容易看出,要想达到最小面积,总可以将这些方块排成一行.当然,对某些 m 这可能不是唯一的途径.然而,对于周长而言,线性的排法就不是最佳的了.

当 K 是一个正方形且 m 很大时,能猜测周长最小时的大概形状吗?

例 11.2 K 是一个单位圆盘且 $m=7$.

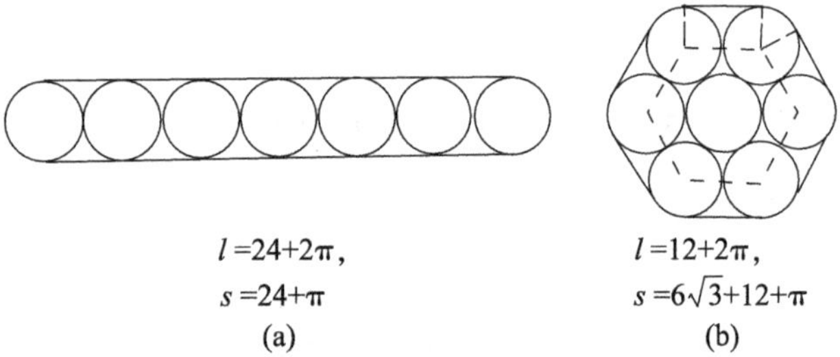

图 11.2

对于一个一般给定的 m,无论是相对周长还是面积找出最佳排法都不是一件容易事.

当 K 是一个圆盘且 m 很大时,能猜测周长最小时的大概形状吗?

从这两个例子容易看出,对于有限堆积,无论是针对面积还是周长最佳排列都与具体的 K 和 m 密切相关. 尽管如此,还是希望找出最重要和最有一般性的一些结论. 当然,球总是最重要和最有意义的凸体之一. 早在 1975 年, 针对球的有限堆积 L. Fejes Tóth 提出了如下猜想:

香肠猜想 当 $n\geqslant 5$ 时, 能够包含 m 个内部互不相交的 n 维单位球的凸体的体积达到极小值当且仅当这些球的球心在一条长度为 $2(m-1)$ 的线段上(图 11.3).

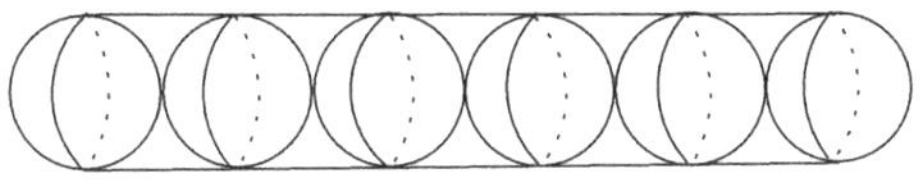

图 11.3

由于这一猜测形状的特殊性,人们形象地称之为香肠猜想. 也许读者感到这一猜想很神秘,或者与直觉很矛盾. 事实上,通过如下简单的计算将会发现,其实这一猜想是很有道理的. 定义香肠形有限球堆积的局部密度为

$$\delta(B^n, m) = \frac{m\omega_n}{\omega_n + 2(m-1)\omega_{n-1}},$$

其中,

$$\omega_n = \frac{\pi^{n/2}}{\Gamma(n/2+1)}$$

表示 n 维单位球的体积. 当 n 充分大时,由$\Gamma(x)$的简单性质和定理 8.5 容易得到

$$\begin{aligned}\delta(B^n, m) &= \frac{m}{1+\pi^{-1/2}(m-1)n} \\ &\geqslant \frac{\pi^{1/2}}{n} \gg 2^{-0.599n(1+o(1))} \\ &\geqslant \delta(B^n).\end{aligned}$$

注 11.1 这一猜想曾被许多几何学家研究过. 在 1994 年, 通过异常艰深的讨论,德国数学家 Betke, Henk 和 Wills 证明当 $n \geqslant 13\ 387$ 时香肠猜想是正确的. 后来,通过更精细的估计,Betke 和 Henk 又将维数降到了 $n \geqslant 42$. 这一成果不仅是有限堆积理论的一个重要突破,也是离散几何领域近年来最主要的工作之一,尤其是在证明过程中所引进的概念 parametric density 后来被许多同行进一步地研究和利用.

关于表面积的情况, Croft, Falconer 和 Guy 于 1991 年作了如下猜想:

球形猜想 当 m 很大时,能够包含 m 个内

部互不相交的n维单位球且具有最小表面积的凸体是近似球形的.

事实上,这一猜想不仅对单位球,就是对任意给定凸体都是对的. 这一结论是由 Böröczky Jr. 和 Zong 独立证明的.

证明想法 假设K是一个n维凸体并假设K_m是一个包含m个内部互不相交的K的平移体且具有最小表面积的一个凸体. 由 John 定理,可以找到一个适当的长方体P满足

$$P \subseteq K_m \subseteq n^{3/2} P.$$

假设$l_1, l_2, \cdots, l_n$分别是P的n个边的长度. 通过与近似球形的有限堆积作比较,可以导出

$$c_1(n) \leqslant \frac{\max\limits_{1 \leqslant i \leqslant n} \{l_i\}}{\min\limits_{1 \leqslant i \leqslant n} \{l_i\}} \leqslant c_2(n),$$

其中,$c_1(n)$和$c_2(n)$为两个只与n有关的常数.

如果K_m不收敛到球形,由 Blaschke 选择定理[①]可以导出K_m包含一个收敛到一个非球

① **Blaschke 选择定理** 如果K_i是一族满足条件

$$rB^n \subseteq K_i \subseteq RB^n$$

的凸体,其中,r和R为两个给定的常数,那么它一定有一个收敛到某一凸体的子列.

形的子列. 这时,通过利用等周不等式① 可以导出矛盾. 这样,球形猜想得证.

值得指出的是,这一结论与具体的 K 没有关系. 当然,如果还考虑收敛速度,那就有关系了. 事实上,类似的结论不仅对表面积是对的,对一般的 quermassintegrals② 也是对的. 因为对一般的 quermassintegrals 也有完全类似的"等周不等式".

在三维和四维空间,Wills 观察到了如下现象:

当 m 不大时, 能包含 m 个内部互不相交的单位球且具有最小体积的凸体是香肠形的.

所以他预言:

肠形突变 在 E^3 和 E^4, 当单位球的个数较小时,对于凸闭包的体积而言香肠形排列是最佳的. 当单位球的个数达到一定的数量时,最佳排列一下变成为满维数的.

---

① **等周不等式** 在所有具有相同表面积的凸体中球具有最大体积.

② 对给定的 n 维凸体 K 和任意 $t\geqslant 0$,有

$$v(K+tB^n)=\sum_{i=0}^{n}\binom{n}{i}W_i(K)t^i,$$

其中,$W_i(K)$被称为 K 的 i-th quermassintegral. 容易验证 $W_0(K)$是 K 的体积,$nW_1(K)$是 K 的表面积.

注 11.2 对这类问题感兴趣的读者可以参见(Zong,1999;Zong,1996).

注 11.3 J. M. Wills (1937～),德国著名几何学家,Siegen 大学教授. 他在离散几何领域做出了重要贡献,尤其是他培养了 P. Gritzmann, U. Betke, M. Henk 等一批杰出的几何学家. 他的最主要学术成就是与他的两位学生一起证明了著名的香肠猜想. 由于他的努力,于 1975 年才成立的 Siegen 大学成为深受同行尊重的离散几何学研究中心之一.

12 立方体的几何

观察一个(三维)单位立方体,很容易发现它有 6 个面、12 条棱和 8 个顶点,还会很容易算出它的体积是 1,表面积为 6. 这时,一个外行可能会认为他已经了解立方体的所有几何性质了. 事实上,一个几何学家还会思考许多其他问题. 例如,

(1) 过其中心的一个截面的最大(最小)面积是多少?

(2) 它在一个平面上的垂直投影的最大(最小)面积是多少?

这些问题本身并不难,也没太大意思. 但是它们的高维推广却既重要,又富有挑战性. 首先来讨论截面的情况.

问题 12.1 假设 H^i 是过坐标原点的一个 i 维平面，试确定 i 维体积 $v_i(I^n \cap H^i)$ 的最大值和最小值.

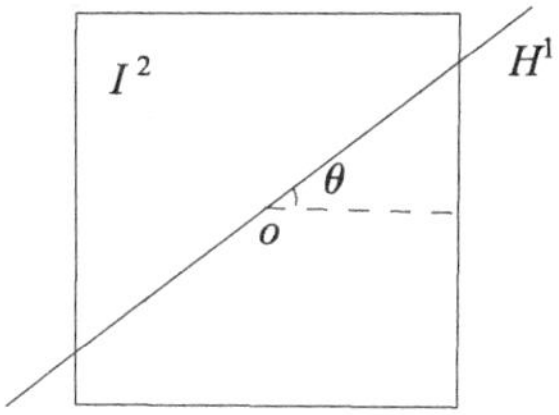

图 12.1

基于图 12.1，通过简单的计算可以得到

$$1 \leqslant v_1(I^2 \cap H^1) \leqslant \sqrt{2},$$

其中，下界当且仅当 H^1 平行于某一个数轴时达到，上界当且仅当 H^1 过 I^2 的一对对顶点时达到. 事实上，可以很容易导出：I^2 所含的任意线段的长度都不会超过$\sqrt{2}$.

三维的情况自然要复杂得多. 首先，类似于上述情况，容易得出

$$1 \leqslant v_1(I^3 \cap H^1) \leqslant \sqrt{3},$$

其中，下界当且仅当 H^1 平行于某一个数轴时达到，上界当且仅当 H^1 过 I^3 的一对对顶点时达到. 事实上，也可以很容易地导出：I^3 所含的任意线段的长度都不会超过$\sqrt{3}$.

下面讨论一下 I^3 的二维截面. 用 u 表示 I^3 的一个边界点,用 H^2 表示与 u 垂直且过坐标原点的一个二维平面,即

$$H^2 = \{x : x \in E^3, \langle x, u\rangle = 0\}.$$

由于 I^3 共有 6 个面并且 $I^3 \cap H^2$ 的每个边都是 H^2 与 I^3 的某个面的交线. 所以,截面 $I^3 \cap H^2$ 只能是一个平行四边形或者是一个对称的六边形(图 12.2).

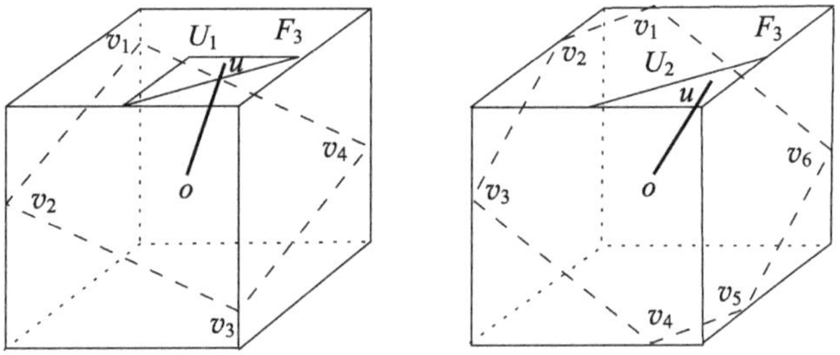

图 12.2

为方便起见,定义

$$U_1 = \left\{u : u_3 = \frac{1}{2}, u_1 \geqslant 0, u_2 \geqslant 0, u_1 + u_2 \leqslant \frac{1}{2}\right\},$$

$$U_2 = \left\{u : u_3 = \frac{1}{2}, u_1 \leqslant \frac{1}{2}, u_2 \leqslant \frac{1}{2}, u_1 + u_2 > \frac{1}{2}\right\}$$

以及

$$F_i = \left\{x \in E^3 : x_i = \frac{1}{2}, |x_j| \leqslant \frac{1}{2} \text{ 如果 } j \neq i\right\},$$

其中，$i=1,2,3$. 下面通过讨论两种情况来估计 $v_2(I^3\cap H^2)$.

情形 1　$u\in U_1$. 这时，可以证明 H^2 与 F_3 的相对内部不相交，所以 $I^3\cap H^2$ 是一个平行四边形. 将 $I^3\cap H^2$ 垂直投影到 F_3 得到

$$v_2(I^3\cap H^2)=\sqrt{\frac{0.5^2+v_1^2+v_2^2}{0.5}}v_2(F_3).$$

这样可以导出

$$1\leqslant v_2(I^3\cap H^2)\leqslant\sqrt{2},$$

其中，下界当且仅当 $u=(0,0,0.5)$时达到，上界当且仅当 $u=(0.5,0,0.5)$或 $u=(0,0.5,0.5)$时达到.

情形 2　$u\in U_2$. 这时 H^2 与 I^3 的每一个面都相交，所以 $I^3\cap H^2$ 是一个对称六边形. 假设 H^2 与 F_3 的边界相交于 v_1 和 v_2 两点. 通过简单的计算可以得出

$$v_1=\left(\frac{2u_2-1}{4u_1},-\frac{1}{2},\frac{1}{2}\right)$$

和

$$v_2=\left(-\frac{1}{2},\frac{2u_1-1}{4u_2},\frac{1}{2}\right).$$

由于 $I^3\cap H^2$ 到 F_3 的垂直投影的面积为

$$1-\left(\frac{1}{2}+\frac{2u_2-1}{4u_1}\right)\left(\frac{1}{2}+\frac{2u_1-1}{4u_2}\right),$$

得到

$$v_2(I^3 \cap H^2) = \sqrt{1+(2u_1)^2+(2u_2)^2}$$
$$\times\left[1-\left(\frac{1}{2}+\frac{2u_2-1}{4u_1}\right)\left(\frac{1}{2}+\frac{2u_1-1}{4u_2}\right)\right].$$

对每一个给定的常数 c，显然

$$1-\left(\frac{1}{2}+\frac{2u_2-1}{4u_1}\right)\left(\frac{1}{2}+\frac{2u_1-1}{4u_2}\right)=c$$

是一条关于直线 $u_1=u_2$ 对称的二次曲线. 所以在这种情况下 $v_2(I^3\cap H^2)$在 U_2 的边界或直线 $u_1=u_2$ 上达到极值. 通过分别讨论这些情况得到

$$\sqrt{\frac{3}{2}} < v_2(I^3 \cap H^2) < \sqrt{2}.$$

利用 I^3 的对称性并总结以上两种情况得到

$$1 \leqslant v_2(I^3 \cap H^2) \leqslant \sqrt{2},$$

其中,下界当且仅当 u 与某一个坐标轴平行时达到,上界当且仅当 H^2 经过 I^3 的两对对顶点时达到.

显然这种初等方法是无法用来研究一般 $v_i(H^n\cap H^i)$的. 不管怎样,这些初等结果可以帮助作出如下猜测:

Good 猜想 如果 $1\leqslant i\leqslant n-1$,那么

$$v_i(I^n \cap H^i) \geqslant 1.$$

这一猜想看上去非常自然和简单.然而,要得出一个证明却异常困难. 1979 年, 美国数学家 Hensley 通过引进一套概率方法意外地证明了 $i=n-1$ 的情况. 紧接着,美国著名数论专家 Vaaler 从本质上改进了 Hensley 的方法从而证明了包含 Good 猜想的一个关于截面测度的基本定理.为了论述方便,用 $\overline{B^j}$ 表示具有单位体积且以坐标原点为中心的一个 j 维球,并用 $\chi(V,x)$ 表示集合 V 的特征函数,即

$$\chi(V,x)=\begin{cases}1, & x\in V,\\ 0, & x\notin V.\end{cases}$$

这样,Vaaler 的定理可叙述如下:

定理 12.1 (Vaaler)　假设 $n_1,n_2,\cdots,n_j$ 是满足 $n=n_1+n_2+\cdots+n_j$ 的一组正整数,

$$D=\overline{B^{n_1}}\oplus\overline{B^{n_2}}\oplus\cdots\oplus\overline{B^{n_j}}\subset E^n,$$

A 是一个秩为 i 的 $i\times n$ 实矩阵,那么有

$$\int_{E^i}\chi(D,xA)\,\mathrm{d}x\geqslant|AA'|^{-\frac{1}{2}},$$

其中,A'是 A 的转置矩阵.

取 $n_1=n_2=\cdots=n_n=1$ 并且假定 A 的 i 行恰好是H^i 的一组标准正交基, 这时得到 $D=I^n$,$|AA'|=1$ 以及

$$\int_{E^i} \chi(D, xA)\mathrm{d}x = v_i(I^n \cap H^i).$$

所以作为以上定理的一个推论可以导出 Good 猜想.

推论 12.1 (Vaaler)　如果 $1 \leqslant i \leqslant n-1$,那么

$$v_i(I^n \cap H^i) \geqslant 1.$$

注 12.1　这一定理的证明用到了深刻的分析工具,尤其是关于概率测度的深刻结论. 在此无法作详细介绍. 感兴趣的读者可以参见(Zong,2006).

当 Hensley 得到他的下界时,他也得到了如下上界:

$$v_{n-1}(I^n \cap H^{n-1}) \leqslant 5,$$

并且猜测最佳上界为

$$v_{n-1}(I^n \cap H^{n-1}) \leqslant \sqrt{2}.$$

后来英国数学家 K. Ball 对 $v_i(I^n \cap H^i)$ 的上界作了深刻的研究. 他证明了如下两个结论:

定理 12.2 (Ball)　如果 H^i 是一个过坐标原点的 i 维平面,其中,$1 \leqslant i \leqslant n-1$. 那么有

$$v_i(I^n \cap H^i) \leqslant \left(\frac{n}{i}\right)^{\frac{i}{2}},$$

其中,当 $i|n$ 时上界可以达到.

定理 12.3 (Ball)　如果 H^i 是一个过坐标原点的 i 维平面,其中,$1\leqslant i\leqslant n-1$. 那么有

$$v_i(I^n \cap H^i) \leqslant 2^{\frac{n-i}{2}},$$

其中,当 $i\geqslant n/2$ 时上界可以达到.

显然,这两个定理在很多情况下解答了问题 12.1,尤其是 Hensley 的猜测. 然而,也有许多种情况的结论仍待解答.

注 12.2　这一定理的证明用到了深刻的 Brascamp-Lieb 不等式. 假设 u_i 是 E^n 中的 m 个单位向量,c_i 为 m 个满足

$$\sum_{i=1}^{m} c_i u_i \otimes u_i = I_n$$

的正常数,其中,$m\geqslant n$,$u_i\otimes u_i$ 表示张量积,I_n 表示 $n\times n$ 的单位矩阵. 这时对任意非负可积函数 f_i 有

$$\int_{E^n} \prod_{i=1}^{m} f_i(\langle u_i, x\rangle)^{c_i} \mathrm{d}x \leqslant \prod_{i=1}^{m} \left(\int_{\mathbf{R}} f_i(x)\mathrm{d}x\right)^{c_i},$$

其中,等号成立当且仅当 $f_i(x)$ 是相互恒等的高斯分布密度. 这就是著名的 Brascamp-Lieb 不等式. 可见证明的复杂与深刻. 对证明细节感兴趣的读者可参见(Zong,2006).

用 $\alpha(n,i)$ 表示 I^n 的 i 维截面的最大体积. 由定理 12.2 和定理 12.3, 如下表所示,当 n 较

小时可以定出许多$\alpha(n,i)$的精确值(其中,标有?? 的项表示至今未知).

i	1	2	3	4	5	6	7	8	9
$\alpha(3,i)$	$\sqrt{3}$	$\sqrt{2}$	1						
$\alpha(4,i)$	2	2	$\sqrt{2}$	1					
$\alpha(5,i)$	$\sqrt{5}$	??	2	$\sqrt{2}$	1				
$\alpha(6,i)$	$\sqrt{6}$	3	$\sqrt{8}$	2	$\sqrt{2}$	1			
$\alpha(7,i)$	$\sqrt{7}$	??	??	$\sqrt{8}$	2	$\sqrt{2}$	1		
$\alpha(8,i)$	$\sqrt{8}$	4	??	4	$\sqrt{8}$	2	$\sqrt{2}$	1	
$\alpha(9,i)$	3	??	$\sqrt{27}$	??	4	$\sqrt{8}$	2	$\sqrt{2}$	1

下面来讨论立方体的投影. 在研究立方体的截面时,分析起了核心的作用,而在以下关于投影的讨论中,线性代数将是本质的. 为了方便,用$K\perp H$表示K在H上的垂直投影. 将着重研究如下问题:

问题 12.2 假设H^i是过坐标原点的一个i维平面. 试确定$v_i(I^n\perp H^i)$的最大值和最小值.

在前面曾经看到I^3的二维截面的最大面积是$\sqrt{2}$. 通过简单的计算可以得出I^3的二维垂直投影的最大面积却是$\sqrt{3}$. 可见二者之间有着

本质的区别.

用 H^i 表示一个过坐标原点的 i 维平面. 显然有

$$I^n \cap H^i \subseteq I^n \perp H^i.$$

所以,作为定理 12.1 的推论,有如下结论:

定理 12.4(Chakerian 和 Filliman)　如果 $1 \leqslant i \leqslant n-1$,那么

$$v_i(I^n \perp H^i) \geqslant 1.$$

至于 $v_i(I^n \perp H^i)$的上界,自然就困难多了. 首先作一个简单的观察. 显然有

$$I^n \subseteq \frac{\sqrt{n}}{2} B^n.$$

所以可以导出

$$v_i(I^n \perp H^i) \leqslant \omega_i \cdot \left(\frac{\sqrt{n}}{2}\right)^i,$$

其中,ω_i 是 i 维单位球的体积. 当然,这一上界是很粗糙的. 下面介绍两个更好的上界.

定理 12.5(Chakerian 和 Filliman)　如果 $1 \leqslant i \leqslant n-1$, 对每一个 i 维平面 H^i 有

$$v_i(I^n \perp H^i) \leqslant \frac{\omega_{i-1}^i}{\omega_i^{i-1}} \left(\frac{n}{i}\right)^{i/2}.$$

定理 12.6 (Chakerian 和 Filliman)　如果 $1 \leqslant i \leqslant n-1$,对每一个 i 维平面 H^i 有

$$v_i(I^n \perp H^i) \leqslant \sqrt{\frac{n!}{(n-i)! \cdot i!}}.$$

注 12.3 这两个上界没有直接的包含关系，也没有指明何时达到最佳.

下面简单介绍一下它们的证明思路. 通常，称有限条线段的 Minkowski 和① 为一个仿柱体. 显然，I^n 和 $I^n \perp H^i$ 都是仿柱体. 用 $W_i(K)$ 表示 n 维凸体 K 的 i-th quermassintegral（定义见第 11 章），它们有许多好的性质. 例如，

$$W_{n-1}(K_1+K_2)=W_{n-1}(K_1)+W_{n-1}(K_2)$$

和

$$v_n(K) \leqslant \frac{W_{n-1}(K)^n}{\omega_n^{n-1}}.$$

后者被称为 Urysohn 不等式. 另外，如果 K 是一条长为 l 的线段，那么

$$W_{n-1}(K)=\frac{l \cdot w_{n-1}}{n}.$$

所以，可以导出

$$W_{i-1}(I^n \perp H^i) \leqslant \omega_{i-1}\sqrt{\frac{n}{i}},$$

---

① 两个集合 K_1 和 K_2 的 Minkowski 和定义为

$$K_1+K_2=\{x_1+x_2 : x_i \in K_i\}.$$

代入 Urysohn 不等式也就得到了定理 12.5.

假设 i 维的仿柱体 P_i 可以表示为

$$P_i = \sum_{j=1}^{n} L_j.$$

英国数学家 Shephard 证明了如下体积公式：

$$v_i(P_i) = \sum v_i\Big(\sum_{k=1}^{i} L_{j_k}\Big),$$

其中，外和号遍历 $\binom{n}{i}$ 组指标 $\{j_1, j_2, \cdots, j_i\}$. 假定

$$H^i = \{x : x_j = 0 \text{ 对所有 } j > i\}$$

以及

$$I = \sum_{j=1}^{n} u_j,$$

其中，$u_j = (u_{j1}, u_{j2}, \cdots, u_{jn})$ 是一组两两正交的单位向量. 显然 I 是一个以原点为一个顶点的单位立方体. 这时 $U = (u_{jk})$ 是一个 $n \times n$ 的正交矩阵. 根据 Shephard 的公式和 Cauchy 不等式得到

$$v_i(P_i) = \sum_{\{j_1, j_2, \cdots, j_i\}} \begin{vmatrix} u_{j_1 1} & u_{j_1 2} & \cdots & u_{j_1 i} \\ u_{j_2 1} & u_{j_2 2} & \cdots & u_{j_2 i} \\ \vdots & \vdots & & \vdots \\ u_{j_i 1} & u_{j_i 2} & \cdots & u_{j_i i} \end{vmatrix}$$

$$\leqslant \left(\sum_{\{j_1, j_2, \cdots, j_i\}} \begin{vmatrix} u_{j_1 1} & u_{j_1 2} & \cdots & u_{j_1 i} \\ u_{j_2 1} & u_{j_2 2} & \cdots & u_{j_2 i} \\ \vdots & \vdots & & \vdots \\ u_{j_i 1} & u_{j_i 2} & \cdots & u_{j_i i} \end{vmatrix}^2 \right)^{1/2}$$

$$\times \Big(\sum_{\{j_1, j_2, \cdots, j_i\}} 1^2 \Big)^{1/2} = \binom{n}{i}^{1/2}.$$

定理 12.6 得证.

注 12.4 假设 $E^n = H^i \oplus H^{n-i}$. 由正交矩阵的一些基本性质可以导出

$$v_i(I^n \perp H^i) = v_{n-i}(I^n \perp H^{n-i}).$$

这是由英国著名数学家 McMullen 发现的. 显然,关于截面没有类似的性质.

注 12.5 用 $\beta(n,i)$ 表示 $v_i(I^n \perp H^i)$ 的最大值. L. Fejes Tóth 证明了

$$\beta(n,1) = \beta(n,n-1) = \sqrt{n}$$

和

$$\beta(n,2) = \beta(n,n-2) = \cot(\pi/2n).$$

感兴趣的读者可参见文献(Zong,2005).

13 立方体的组合

单位立方体不仅是几何学的基石之一，也为许多组合问题提供了模型. 例如，由它导出的 0/1 多面体既是编码理论的模型，也在最优化理论中具有重要应用. 在这一章中，主要讨论如下两个问题：

问题 13.1 内接于单位立方体 I^n 的 k 维单纯形的最大体积是多少？

问题 13.2 单位立方体 I^n 最少能被剖分成多少个单纯形？

为了方便，定义

$$\overline{I^n}=\{x\in E^n:\quad 0\leqslant x_i\leqslant 1\}.$$

显然，

$$\overline{I^n}=I^n+(0.5,0.5,\cdots,0.5),$$

并且它的所有顶点的坐标只能是 0 或 1.

假设 $T=\mathrm{conv}\{v_1, v_2, v_3\}$是包含于单位正方形 I^2 且具有最大面积的一个三角形. 容易看出,它的 3 个顶点都在 I^2 的边界上. 如果 v_3 不是 I^2 的顶点,那么沿着它所在的边移动并不减少 T 的面积. 所以,可以证明:

在所有这类具有最大面积的三角形中必有一个其顶点都是原正方形的顶点.

进而可以导出

$$v_2(T)=\frac{1}{2}.$$

事实上,利用完全初等的类似方法可以导出如下结论:

引理 13.1 假设 k 为满足 $1\leqslant k\leqslant n$ 的一个正整数,一定存在一个包含于 I^n 且具有最大体积的 k 维单纯型,其顶点都是 I^n 的顶点.

基于这一引理,在研究问题 13.1 的过程中,只需要研究顶点恰是 I^n 的 $k+1$ 个顶点的单纯型即可. 作为一个例子,先看一下三维立方体的情况.

假设 T 是内接于 I^3 且具有最大面积的一个三角形. 当然,可以假设它的 3 个顶点都是 I^3 的顶点. 容易看出,一个由单位立方体的 3 个顶点所产生的三角形的每条边的长度只有 3 种可能，即 1，$\sqrt{2}$和$\sqrt{3}$，并且其中之一必为$\sqrt{2}$. 这样，可以导出

$$v_2(T) \leqslant \frac{\sqrt{3}}{2},$$

其中，等号成立当且仅当 T 为一个边长为$\sqrt{2}$的等边三角形.

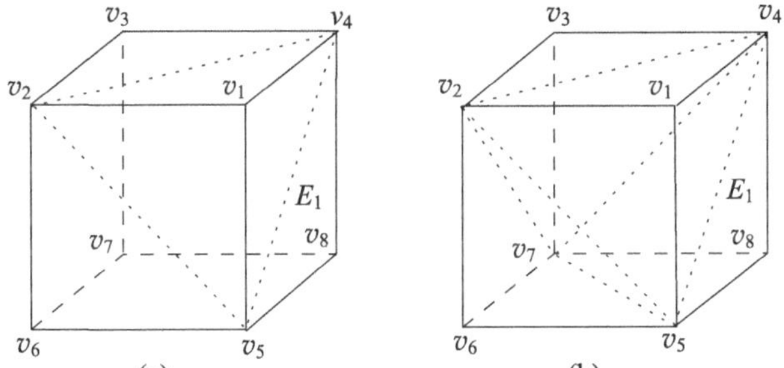

图 13.1

假设 T^* 是内接于 I^3 且具有最大体积的一个四面体. 当然，假设它的 4 个顶点都是 I^3 的顶点. 由于它的任意一个面都有一条长为$\sqrt{2}$的边，所以它起码含有两条这样的边. 为了方便记它们为 E_1 和 E_2. 如果 E_1 和 E_2 共面，那么通过比较 T^* 可能达到的高，可以得到

$$v_3(T^*) \leqslant 1 - 4 \cdot \frac{1}{3!} = \frac{1}{3},$$

其中,等号成立当且仅当 T^* 为一个边长为$\sqrt{2}$的正四面体.如果 T^* 不含有共面且长度为$\sqrt{2}$的两条边,这时 T^* 的 4 个顶点中不属于 E_1 的两个一定在$\{v_1, v_3, v_6, v_8\}$中.这样,通过进一步的讨论可以得到

$$v_3(T^*) \leqslant \frac{1}{6}.$$

总结以上讨论,证明了如下结论:

定理 13.1 假设 T 为一个包含于 I^3 的三角形,那么有

$$v_2(T) \leqslant \frac{\sqrt{3}}{2},$$

其中,等号成立当且仅当 T 为一个边长为$\sqrt{2}$的等边三角形;假设 T^* 为一个包含于 I^3 的四面体,那么有

$$v_3(T^*) \leqslant \frac{1}{3},$$

其中,等号成立当且仅当 T^* 为一个边长为$\sqrt{2}$的正四面体.

假设 S 是一个 k 维单纯形,其顶点分别为

$$a_0 = (0,0,\cdots,0),$$

$$a_1 = (a_{11},a_{12},\cdots,a_{1n}),$$

$$\cdots\cdots$$

$$a_k = (a_{k1},a_{k2},\cdots,a_{kn}).$$

用 A 表示由 a_{ij} 构成的 $k\times n$ 矩阵. 可以证明单纯形 S 的体积可以表示为

$$v_k(S) = \frac{1}{k!}\sqrt{\det(AA')}.$$

如果 $a_0=o,a_1,\cdots,a_k$ 为$\overline{I^n}$的 $k+1$ 个顶点,那么相应的 A 就是一个 0/1 矩阵. 也就是说,它的元素只有 0 和 1 两种情况. 为了方便起见,用 $\gamma(n,k)$来表示包含于单位立方体 I^n 的k 维单纯形的最大体积. 那么

$$\gamma(n,k) = \max\left\{\frac{1}{k!}\sqrt{\det(AA')}\right\},$$

其中,极大值取遍所有 $k\times n$ 的 0/1 矩阵.

通过估计 $\det(AA')$的值, Hudelson, Klee 和 Larman 得到了如下的一般上界:

定理 13.2 如果 $1\leqslant k\leqslant n$,那么

$$\gamma(n,k) \leqslant \begin{cases} \dfrac{1}{k!2^k}\sqrt{\dfrac{(k+1)^{k+1}n^k}{k^k}}, & k\text{ 为奇数},\\ \dfrac{1}{k!2^k}\sqrt{\dfrac{(k+2)^k n^k}{(k+1)^{k-1}}}, & k\text{ 为偶数}.\end{cases}$$

注 13.1 这一定理是通过估计 $\det(((k+1)I-J)AA')$ 的值所得到的,这里 I 表示 $k\times k$ 的单位矩阵,J 表示所有元素全为 1 的 $k\times k$ 矩阵. 另外,对固定的 k 通过构造下极限可以得到

$$\lim_{n\to\infty}\frac{\gamma(n,k)}{n^{k/2}}=\begin{cases}\dfrac{(k+1)^{(k+1)/2}}{k!2^k k^{k/2}}, & k \text{ 为奇数},\\[2ex] \dfrac{(k+2)^{k/2}}{k!2^k(k+1)^{(k-1)/2}}, & k \text{ 为偶数}.\end{cases}$$

当 $k=2$ 或 3 时,可以算出确切的 $\gamma(n,k)$. 假设 A 是一个 $2\times n$ 的 0/1 矩阵,其中,有 k_1 列等于 $(1,0)'$,k_2 列等于 $(0,1)'$ 以及 k_3 列等于 $(1,1)'$. 这时可以导出

$$AA'=\begin{pmatrix}k_1+k_3 & k_3\\ k_3 & k_2+k_3\end{pmatrix}.$$

通过简单的极值分析,可以得到如下结论:

定理13.3 (Klee, Larman, Neubauer 等) 取 $m=[n/3]$ 和 $j=n-3m$,那么

$$\gamma(n,2)=\begin{cases}\dfrac{1}{2}\sqrt{3m^2}, & j=0,\\[2ex] \dfrac{1}{2}\sqrt{3m^2+2m}, & j=1,\\[2ex] \dfrac{1}{2}\sqrt{3m^2+4m+1}, & j=2.\end{cases}$$

通过类似的讨论,也可以得到包含于 I^n 的

四面体的最大体积.

定理 13.4(Klee, Larman, Neubauer 等) 取 $m=[n/3]$和 $j=n-3m$,那么

$$\gamma(n,3)=\frac{1}{3}\sqrt{m^{3-j}(m+1)^{j}}.$$

注13.2 V. Klee (1925～2007),美国著名数学家,曾任华盛顿大学(西雅图)教授. 在组合数学、计算几何、优化理论等领域做出了杰出贡献. 曾任美国数学协会(MAA)的主席以及许多大公司的科学顾问,如波音公司等.

显然,对问题 13.1 来说,$k=n$ 的情况是最有意思和最重要的. 这方面已知的结论可总结如下:

定理 13.5 (Hadamard, Barba, Ehlich 和 Wojtas) 假设 S 是一个包含于单位立方体 I^n 的一个 n 维单纯形, 那么

$$v_n(S)\leqslant\begin{cases}\dfrac{1}{n!2^n}\sqrt{(2n+1)n^n}, & n\equiv 0(\mathrm{mod}\ 4),\\[2ex] \dfrac{1}{(n-1)!2^{n-1}}\sqrt{(n-1)^{n-1}}, & n\equiv 1(\mathrm{mod}\ 4),\\[2ex] \dfrac{11^3}{n!2^{n-1}}\sqrt{\dfrac{(n-2)^{n-6}(n+1)^7}{7^7}}, & n\equiv 2(\mathrm{mod}\ 4),\\[2ex] \dfrac{1}{n!2^n}\sqrt{(n+1)^{n+1}}, & n\equiv 3(\mathrm{mod}\ 4).\end{cases}$$

注 13.3 这一定理的证明是非常非常复杂的. 它的第 4 种情况是最简单的,可由关于矩阵的 Hadamard 不等式导出. 值得指出的是,尽管这 4 个上界不是同阶的,其中,3 个都是相对最佳的. 也就是说,在无限多个 n 达到该上界.

接下来,讨论问题 13.2,也就是单位立方体的刨分问题. 首先,看一下三维的情况.

如图 13.2 所示,用 $v_1, v_2, \cdots, v_8$ 表示 I^3 的 8 个顶点. 显然,该立方体可以被刨分为 6 个四面体 $T_1, T_2, \cdots, T_6$. 它们分别被定义为

$$T_1 = \mathrm{conv}\{v_1, v_5, v_6, v_8\},$$

$$T_2 = \mathrm{conv}\{v_1, v_6, v_7, v_8\},$$

$$T_3 = \mathrm{conv}\{v_1, v_2, v_6, v_7\},$$

$$T_4 = \mathrm{conv}\{v_1, v_2, v_3, v_7\},$$

$$T_5 = \mathrm{conv}\{v_1, v_3, v_4, v_8\},$$

$$T_6 = \mathrm{conv}\{v_1, v_3, v_7, v_8\}.$$

这时每一个四面体的体积都是 1/6.

事实上,还可以将它刨分为 5 个四面体 $T'_1, T'_2, \cdots, T'_5$. 它们分别被定义为

$$T'_1 = \mathrm{conv}\{v_1, v_2, v_3, v_6\},$$

$$T'_2 = \mathrm{conv}\{v_1, v_3, v_4, v_8\},$$

$$T'_3 = \mathrm{conv}\{v_1, v_5, v_6, v_8\},$$

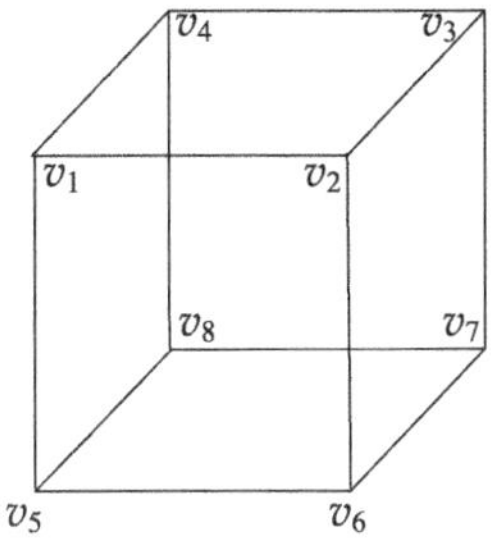

图 13.2

$$T'_4 = \mathrm{conv}\{v_3, v_6, v_7, v_8\},$$

$$T'_5 = \mathrm{conv}\{v_1, v_3, v_6, v_8\}.$$

这时自然会问:

单位立方体 I^3 可以被剖分为更少的四面体吗?

答案是否定的. 假设 I^3 可以被剖分为 τ 个四面体 $T_1, T_2, \cdots, T_\tau$, 并且它的 6 个面被相应地划分成了 t 个三角形. 显然有

$$t \geqslant 12. \tag{13.1}$$

另外, 容易看出每一个三角形属于一个四面体, 而且每一个四面体最多以 3 个这样的三角形作为它的面. 所以

$$\tau \geqslant \frac{12}{3} = 4. \tag{13.2}$$

如果(13.2)中的等号成立, 那么(13.1)中的等

号也成立. 所以,通过适当的指标调整,可以取

$$T_1 = \text{conv}\{v_1, v_2, v_4, v_5\},$$

$$T_2 = \text{conv}\{v_2, v_3, v_4, v_7\},$$

$$T_3 = \text{conv}\{v_2, v_5, v_6, v_7\},$$

$$T_4 = \text{conv}\{v_4, v_5, v_7, v_8\}.$$

这时,自然又多出了 1 个四面体

$$T_5 = \text{conv}\{v_2, v_4, v_5, v_7\}.$$

所以,得到了如下结论:

单位立方体 I^3 最少可以被刨分为 5 个四面体.

为了方便,用 τ_n 表示单位立方体 I^n 可以被刨分为单纯形的最少个数. 关于 τ_n 的已知精确结论有如下定理:

定理 13.6 (Mara, Cottle, Sallee, Lee, Hughes, Hughes 和 Anderson)

n	2	3	4	5	6	7
τ_n	2	5	16	67	308	1493

注 13.4 可想而知,这些结果是通过初等但异常复杂的计算得到的,并且最后一种情况还用到计算机的辅助.

至于 τ_n 的上下界,已知的结论也不理想.

它们可以被总结为如下定理：

定理 13.7 (Haiman, Orden, Santos 和 Smith)

$$\frac{6^{\frac{n}{2}}\cdot n!}{2\cdot(n+1)^{\frac{n+1}{2}}}\leqslant \tau_n \ll 0.816^n\cdot n!.$$

注 13.5 这一定理中的下界是通过双曲几何中的一些深刻结论得到的，而上界则是通过 $I^n=I^k\oplus I^{n-k}$ 及相应的刨分得到的. 对证明细节感兴趣的读者可以参见文献(Zong, 2006). 对相关内容感兴趣的读者可以参见文献(Zong, 2005).

14 Minkowski 猜想

假设 T 是一个中心对称的 n 维凸体，X 是 E^n 中的一个离散点集合. 如果

$$E^n = \bigcup_{x \in X} (T + x),$$

并且对 X 中的任意两点 x 和 y 都有

$$(\operatorname{int}(T) + x) \cap (\operatorname{int}(T) + y) = \varnothing,$$

那么称 $T+X$ 为 E^n 的一个平铺(tiling)，称这样的凸体 T 为一个平铺体(tile). 如果 X 是一个格. 那么对应的平铺则被称为格平铺(lattice tiling)①.

平铺体的研究已有很长的历史. 早在 1885

---

① 俄国数学家 Venkov 曾经证明：对任一平铺体都存在一个相应的格平铺.

年,俄国科学家 Fedorov 就已经证明:平面中的平铺体只有 2 种(图 14.1),即平行四边形和对称六边形. 20 世纪初,俄国数学家 Voronoi 完成了三维平铺体的分类:共有 5 种(其中,有图 14.2所示的 2 种). 又过了半个多世纪, Delone 和 Stogrin 完成了对四维平铺体的分类:共有 52 种. 显然,在高维空间对平铺体分类是非常重要也是异常复杂的问题. 然而,不管怎样,单位立方体 I^n 总是 n 维空间中的一个平铺体. 本章将着重讨论 I^n 的格平铺.

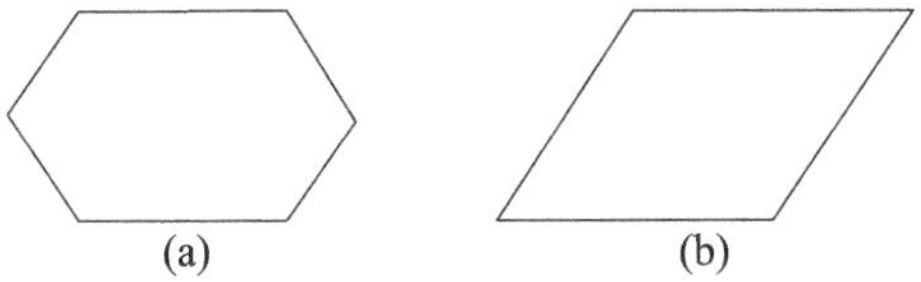

图 14.1

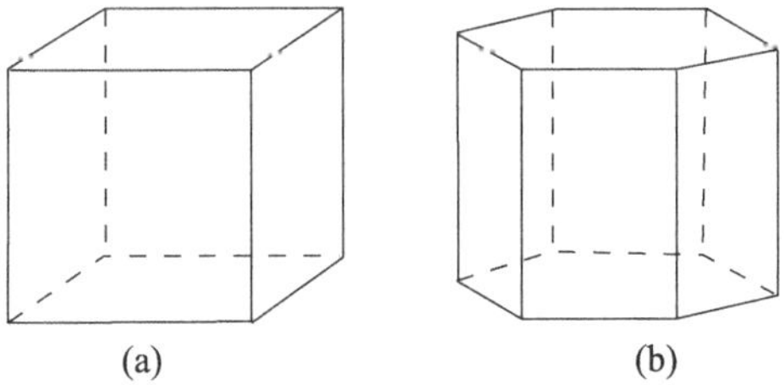

图 14.2

首先来观察一个现象. 假设 I^2+X 是平面 E^2 上的一个平铺. 如果 x 和 y 是 X 中的两个点,并且 I^2+x 与 I^2+y 有公共点,那么$(I^2+x)\cap(I^2+y)$将是 I^2+x 的一条边或者是一条边的一部分. 如果是后者,由于 I^2+X 是 E^2 的一个平铺,如图 14.3 所示一定存在另一个正方形 I^2+y'与 I^2+x 相交于一条完整的边.

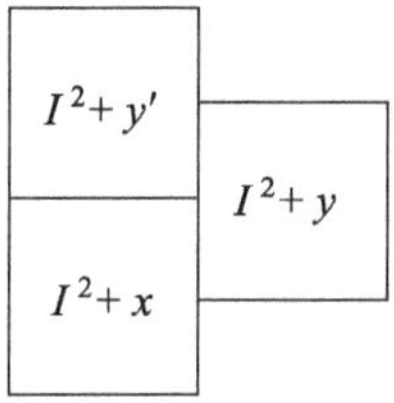

图 14.3

这样就证明了如下结论:

如果 I^2+X 构成 E^2 的一个平铺,那么其中必有两个正方形具有一条完整的公共边. 特别地,如果 $I^2+\Lambda$ 是一个格平铺,那么一定会有 $\{(z,0):z\in\mathbb{Z}\}\subset\Lambda$ 或 $\{(0,z):z\in\mathbb{Z}\}\subset\Lambda$.

接下来再看一下三维的情况. 假设 I^3+X 是三维空间 E^3 的一个平铺,并假设 $o\in X$. 如果 I^3+x 碰到 I^3 的一个顶点 v,那么 v 一定是 I^3+x 的一个面的一个相对内点,或是它的一条边的一个相对内点,或者是它的一个顶点.如果第一种情况出现,通过投影来考虑 I^3+X 中所有含 v 的单位立方体(I^3+x 除外),可以证明其中必有一个与 I^3 有一个完整的公共面.这样,假设 I^3+X 中不存在单位立方体既包含 $v=(0.5,0.5,0.5)$ 又与 I^3 共面,那么其中一定存在 3 个立方体 $I^3+(1,0,\alpha_1)$, $I^3+(0,\alpha_2,1)$ 和 $I^3+(\alpha_3,1,0)$,其中, $0<\alpha_i<1$.这时, $I^3+(0,\alpha_2,1)$ 的顶点 $(0.5,\alpha_2-0.5,0.5)$ 一定是 $I^3+(1,0,\alpha_1)$ 的某个面的相对内点.所以 I^3+X 中一定有一个立方体与 $I^3+(0,\alpha_2,1)$ 共面.这样就证明了如下结论:

如果 I^3+X 构成 E^3 的一个平铺,那么其中必有两个立方体具有一个完整的公共面.特别地,如果 $I^3+\Lambda$ 是一个格平铺,那么一定会有 $\{(z,0,0):z\in\mathbb{Z}\}\subset\Lambda$,或者 $\{(0,z,0):z\in\mathbb{Z}\}\subset\Lambda$,或者 $\{(0,0,z):z\in\mathbb{Z}\}\subset\Lambda$.

为了方便,称两个单位立方体为一个共面对,如果它们有且仅有一个完整的公共面.基于以上观察人们自然会提出如下猜想:

Minkowski 猜想 E^n 的每一个格平铺 $I^n+\Lambda$ 中都有共面对.

这一猜想有一个曲折的历史.1896 年,

Minkowski 证明了如下结论：

如果 $A=(a_{ij})$是一个没有整数列且行列式为 1 的实系数 2×2 矩阵，那么

$$\begin{cases} |a_{11}z_1+a_{21}z_2|<1, \\ |a_{12}z_1+a_{22}z_2|<1 \end{cases}$$

一定有非平凡整数解。

在此基础上，他断言类似的结论对 $n\times n$ 矩阵也是正确的，即

Minkowski 猜想* 如果 $A=(a_{ij})$是一个没有整数列且行列式为 1 的实系数 $n\times n$ 矩阵，那么

$$\begin{cases} |a_{11}z_1+a_{21}z_2+\cdots+a_{n1}z_n|<1, \\ |a_{12}z_1+a_{22}z_2+\cdots+a_{n2}z_n|<1, \\ \cdots\cdots \\ |a_{1n}z_1+a_{2n}z_2+\cdots+a_{nn}z_n|<1 \end{cases}$$

一定有非平凡整数解.

然而，他自己从来没有给出这一断言的证明. 11 年后，他又将这一丢番图逼近的形式转述为前面所说的几何形式. 下面，简要说明一下它们的等价性.

首先，定义 $\Lambda=\{zA : z_i\in\mathbb{Z}\}$ 并观察两个事实. 由第 1 章中所讨论的 Minkowski 基本定理

容易看出，$I^n+\Lambda$ 是一个堆积当且仅当猜想*中的丢番图不等式组没有非平凡的整数解. 另一方面，由于

$$\frac{v(I^n)}{d(\Lambda)}=\frac{v(I^n)}{\det(A)}=1,$$

$I^n+\Lambda$ 将是 E^n 的一个平铺，一旦它是一个堆积.

如果猜想*成立并假设几何形式在 $n-1$ 维空间也是对的，那么只要 $I^n+\Lambda$ 是 E^n 的一个格平铺，A 就一定有一整数列且满足

$$(a_{1i},a_{2i},\cdots,a_{ni})=1.$$

假设 $z_1,z_2,\cdots,z_n$ 为满足

$$a_{1i}z_1+a_{2i}z_2+\cdots+a_{ni}z_n=1$$

的一组整数①，定义

$$u=\sum_{j=1}^{n}z_ja_j,$$

$$U=\bigcup_{z\in\mathbf{Z}}(I^n+zu)$$

以及

$$H=\{x\in E^n:\quad x_i=0\}.$$

由于$(a_{1i},a_{2i},\cdots,a_{ni})'$是一个整列，容易看出 $I^n\cap H+\Lambda\cap H$ 是 H 的一个格平铺. 基于前面的

① 它们的存在性是初等数论的一个基本结论.

归纳假设,容易看出 n 维的几何形式也一定是对的.

反过来,如果上述几何形式的猜想是对的,那么通过多次递归可以导出 Λ 对应着一个如下形式的矩阵:

$$A=\begin{pmatrix} 1 & 0 & 0 & \cdots & 0 \\ a_{21} & 1 & 0 & \cdots & 0 \\ \vdots & \vdots & \vdots & & \vdots \\ a_{n1} & a_{n2} & a_{n3} & \cdots & 1 \end{pmatrix}$$

也就是说,A 一定有一个整数列. 所以,如果 A 没有整数列,那么 $I^n+\Lambda$ 就不是一个堆积,从而

$$\begin{cases} |a_{11}z_1+a_{21}z_2+\cdots+a_{n1}z_n|<1, \\ |a_{12}z_1+a_{22}z_2+\cdots+a_{n2}z_n|<1, \\ \qquad\qquad\cdots\cdots \\ |a_{1n}z_1+a_{2n}z_2+\cdots+a_{nn}z_n|<1 \end{cases}$$

一定有非平凡整数解.

在历史上,许多著名数学家通过丢番图逼近的方法研究过这一猜想并证明了 $n\leqslant 9$ 的情况,他们包括 T. Schmidt, O. H. Keller 和 O. Perron. 然而,这一方法很难在维数上取得突破. 在T. Schmidt 等人工作的基础上,匈牙利数学家Hajós于 1941 年将这一猜想转换成了如

下的代数形式并成功地给出了一个完美的证明：

Minkowski 猜想★ 假设 G 是一个有单位元 1 的有限 abel 群. 如果 $g_1,\cdots,g_n$ 是 G 中的 n 个元素，$q_1,\cdots,q_n$ 是 n 个正整数，使得 G 中的每一个元素都可以唯一地表示为

$$\prod_{i=1}^{n} g_i^{z_i},\quad 0\leqslant z_i\leqslant q_i-1,$$

那么 $g_i^{q_i}=1$ 对某一个指标 i 成立.

由于形式上的差异，人们很难想象这一代数形式与原来的猜想会是等价的. 的确，导出它们的等价性也确实是非常复杂的，但道理上也不是完全不着边际. 首先，如介绍格的定义时所说，格本身是一个 abel 群. 如果 Λ 是一个有理格，也就是它的基坐标都是有理数

$$a_1=\left(\frac{q_{11}}{p_{11}},\frac{q_{12}}{p_{12}},\cdots,\frac{q_{1n}}{p_{1n}}\right),$$

$$a_2=\left(\frac{q_{21}}{p_{21}},\frac{q_{22}}{p_{22}},\cdots,\frac{q_{2n}}{p_{2n}}\right),$$

$$\vdots$$

$$a_n=\left(\frac{q_{n1}}{p_{n1}},\frac{q_{n2}}{p_{n2}},\cdots,\frac{q_{nn}}{p_{nn}}\right),$$

其中,$(q_{ij}, p_{ij})=1$. 那么定义[①]

$$d_i = [p_{1i}, p_{2i}, \cdots, p_{ni}],$$

$$v_i = \frac{1}{d_i} e_i,$$

$$P = \left\{x \in E^n : 0 \leqslant x_i \leqslant \frac{1}{d_i}\right\}$$

以及

$$\Gamma = \left\{ \sum_{i=1}^{n} z_i v_i : z_i \in \mathbb{Z} \right\}.$$

可见 $P+\Gamma$ 是 E^n 的一个格平铺,并且 Λ 是 Γ 的一个子格. 所以得到了一个商群

$$G = \Gamma/\Lambda = A_1 + A_2 + \cdots + A_n,$$

其中,

$$A_i = \{\bar{o}, \bar{v}_i, 2\bar{v}_i, \cdots, (d_i - 1)\bar{v}_i\},$$

$\bar{v}_i$ 表示 v_i 产生的陪集. 这是理解这两种形式的等价性最关键的一点. 当然,还需要证明如下命题:

如果存在一个格平铺其中无共面对,那么一定存在一个没有共面对的有理格平铺.

这是由 Schmidt 发现的.

要证明 Minkowski 猜想的代数形式,还需要引进一个重要的概念. 假设 G 是一个 abel

---

① 这里$[a_1, a_2, \cdots, a_n]$表示 $a_1, a_2, \cdots, a_n$ 的最小公倍数.

群,在它的基础上定义一个环

$$\Re(G)=\left\{\sum z_i g_i:\quad z_i\in\mathbb{Z};g_i\in G\right\},$$

其中,加法和乘法分别定义为

$$\sum z_i g_i+\sum z_i' g_i=\sum(z_i+z_i')g_i$$

和

$$\left(\sum z_i g_i\right)\left(\sum z_i' g_i\right)=\sum\Big(\sum_{g_j g_k=g_i} z_j z_k'\Big)g_i.$$

通常它被称为由 G 所导出的群环(group ring). Hajós 正是通过对这个环的深刻研究从而证明了 Minkowski 的猜想. 在此很难介绍证明的细节,也很难进一步介绍它的优美想法. 感兴趣的读者可参见(Zong,2006).

注 14.1 G. Hajós (1912～1972),匈牙利著名数学家,曾任 Eötvös Loránd 大学教授、匈牙利科学院院士、匈牙利数学会主席,以证明了著名的 Minkowski 猜想而著称. 他曾经是匈牙利数学竞赛的优胜者,从而成为著名数学家 L. Fejer 的学生. 当他将博士论文提交给 Fejer 时,后者的评语是"对一个才智一般的学生来讲,它是一篇好的博士论文;而对象 Hajós 这样优秀的学生来讲则是一篇非常糟糕的文章". 所以他没能顺利毕业.后来他发奋图强,证明了著名的Minkowski猜想,从而奠定了他一个世界著名数学家的地位.

15 Keller 猜想和 Furtwängler 猜想

早在 1930 年，O. Keller 在他的博士论文中证明了 Minkowski 猜想的几个低维情形. 同时他提出了如下更为大胆的猜想：

Keller 猜想　在 n 维空间的每一个平铺 I^n+X 中都有共面对.

在第 14 章讨论二维和三维的平铺时并没有限制它们为格平铺. 事实上，沿用类似的初等方法甚至可以证明六维的情况.

定理 15.1(Keller 和 Perron)　如果 $n\leqslant 6$，那么 E^n 中的每一个平铺 I^n+X 都有共面对.

与 Minkowski 猜想类似，Keller 猜想也有一个代数形式. 它是由 Hajós 于 1950 年发现的.

Keller 猜想* 假设 G 是一个由 $g_1,\cdots,g_n$ 生成的 abel 群，其中，$|g_i|=2q_i$. 如果 G 可以分解为一个直积

$$G = HA_1\cdots A_n,$$

其中，$|H|=2^n$ 以及 $A_i=\{1,g_i,\cdots,g_i^{q_i-1}\}$，那么①

$$H^{-1}H \cap \{g_1^{q_1},\cdots,g_n^{q_n}\} \neq \varnothing.$$

在几十年无果的正面尝试后，人们开始怀疑该猜想的正确性. 经过艰辛和漫长的探索，匈牙利数学家 Corrádi 和 Szabó 于 1990 年发现了一个图论形式的反例判别法. 用 Γ 表示集合 $\{0,1,2,3\}$ 并定义一个抽象图 G_n 如下：

(1) 它的点集合为 $\{(x_1,x_2,\cdots,x_n):x_i\in\Gamma\}$；

(2) 两个点 u 和 v 相连当且仅当 $u_i-v_i\equiv 2 \pmod 4$ 对某一个指标 i，并且 $u_j\neq v_j$ 对另外某一个指标 j.

容易看出，G_n 共有 4^n 个点. 这时，他们的判别法可以陈述如下：

Corrádi-Szabó 判别法 Keller 猜想存在反

---

① $H^{-1}H=\{h^{-1}h':\ h,h'\in H\}$.

例当且仅当 G_n 有一个具有 2^n 个点的团子图[①]

尽管 Corrádi 和 Szabó 迈出了最关键的一步，但是他们并没能继续走下去. 1992 年，贝尔实验室的两位著名数学家 J. C. Lagarias 和 P. W. Shor 通过计算机辅助找到了这样的构造，从而对 $n\geqslant 10$ 的情况否定了 Keller 猜想. 这是那一年最轰动的数学成就之一，发表在 Bull. Amer. Math. Soc. 上. 10 年后，J. Mackey 改进到了 $n\geqslant 8$.

定理 15.2(Lagarias，Shor 和 Mackey)　当 $n\geqslant 8$ 时，E^n 一定存在没有共面对的平铺 I^n+X.

证明　容易证明如果 Keller 猜想在 E^n 有反例，那么它在 E^{n+1} 也一定有反例. 所以只需证明 $n=8$ 的情况.

用 Ψ_8 表示 G_8 的具有以下 2^8 个点的子图：

(3,1,1,1,0,2,1,1),(3,1,1,1,1,1,3,2),(3,1,1,1,2,3,0,3),(3,1,1,1,3,0,2,0),

(3,3,2,1,0,2,1,1),(3,3,2,1,1,1,3,2),(3,3,2,1,2,3,0,3),(3,3,2,1,3,0,2,0),

(1,0,0,3,0,2,1,1),(1,0,0,3,1,1,3,2),(1,0,0,3,2,3,0,3),(1,0,0,3,3,0,2,0),

(1,2,3,3,0,2,1,1),(1,2,3,3,1,1,3,2),(1,2,3,3,2,3,0,3),(1,2,3,3,3,0,2,0),

(0,0,0,0,0,0,0,0),(0,0,0,0,0,2,3,0),(0,0,0,0,2,1,1,2),(0,0,0,0,2,3,2,2),

① 任意两点都连接.

(0,2,3,0,0,0,0,0),(0,2,3,0,0,2,3,0),(0,2,3,0,2,1,1,2),(0,2,3,0,2,3,2,2),

(2,1,1,2,0,0,0,0),(2,1,1,2,0,2,3,0),(2,1,1,2,2,1,1,2),(2,1,1,2,2,3,2,2),

(2,3,2,2,0,0,0,0),(2,3,2,2,0,2,3,0),(2,3,2,2,2,1,1,2),(2,3,2,2,2,3,2,2),

(1,0,1,1,0,2,1,1),(1,0,1,1,1,1,3,2),(1,0,1,1,2,3,0,3),(1,0,1,1,3,0,2,0),

(1,3,3,1,0,2,1,1),(1,3,3,1,1,1,3,2),(1,3,3,1,2,3,0,3),(1,3,3,1,3,0,2,0),

(3,1,0,3,0,2,1,1),(3,1,0,3,1,1,3,2),(3,1,0,3,2,3,0,3),(3,1,0,3,3,0,2,0),

(3,2,2,3,0,2,1,1),(3,2,2,3,1,1,3,2),(3,2,2,3,2,3,0,3),(3,2,2,3,3,0,2,0),

(3,2,1,0,2,2,1,1),(3,2,1,0,1,1,3,0),(3,2,1,0,0,3,0,3),(3,2,1,0,3,0,2,2),

(1,3,0,2,2,2,1,1),(1,3,0,2,1,1,3,0),(1,3,0,2,0,3,0,3),(1,3,0,2,3,0,2,2),

(0,0,2,1,2,2,1,1),(0,0,2,1,1,1,3,0),(0,0,2,1,0,3,0,3),(0,0,2,1,3,0,2,2),

(2,1,3,3,2,2,1,1),(2,1,3,3,1,1,3,0),(2,1,3,3,0,3,0,3),(2,1,3,3,3,0,2,2),

(0,1,3,1,0,2,1,1),(0,1,3,1,1,1,3,2),(0,1,3,1,2,3,0,3),(0,1,3,1,3,0,2,0),

(2,0,2,3,0,2,1,1),(2,0,2,3,1,1,3,2),(2,0,2,3,2,3,0,3),(2,0,2,3,3,0,2,0),

(1,2,1,2,0,2,1,1),(1,2,1,2,1,1,3,2),(1,2,1,2,2,3,0,3),(1,2,1,2,3,0,2,0),

(3,3,0,0,0,2,1,1),(3,3,0,0,1,1,3,2),(3,3,0,0,2,3,0,3),(3,3,0,0,3,0,2,0),

(0,1,0,2,0,0,0,0),(0,1,0,2,0,2,3,0),(0,1,0,2,2,1,1,2),(0,1,0,2,2,3,2,2),

(0,2,2,2,0,0,0,0),(0,2,2,2,0,2,3,0),(0,2,2,2,2,1,1,2),(0,2,2,2,2,3,2,2),

(2,0,1,0,0,0,0,0),(2,0,1,0,0,2,3,0),(2,0,1,0,2,1,1,2),(2,0,1,0,2,3,2,2),

(2,3,3,0,0,0,0,0),(2,3,3,0,0,2,3,0),(2,3,3,0,2,1,1,2),(2,3,3,0,2,3,2,2),

(1,2,1,0,3,1,1,1),(1,2,1,0,3,3,2,1),(1,2,1,0,1,0,0,3),(1,2,1,0,1,2,3,3),

(3,3,0,2,3,1,1,1),(3,3,0,2,3,3,2,1),(3,3,0,2,1,0,0,3),(3,3,0,2,1,2,3,3),

(0,0,2,3,3,1,1,1),(0,0,2,3,3,3,2,1),(0,0,2,3,1,0,0,3),(0,0,2,3,1,2,3,3),

(2,1,3,1,3,1,1,1),(2,1,3,1,3,3,2,1),(2,1,3,1,1,0,0,3),(2,1,3,1,1,2,3,3),

(1,2,1,0,3,0,1,3),(1,2,1,0,3,3,3,3),(1,2,1,0,1,1,0,1),(1,2,1,0,1,2,2,1),

(3,3,0,2,3,0,1,3),(3,3,0,2,3,3,3,3),(3,3,0,2,1,1,0,1),(3,3,0,2,1,2,2,1),

(0,0,2,3,3,0,1,3),(0,0,2,3,3,3,3,3),(0,0,2,3,1,1,0,1),(0,0,2,3,1,2,2,1),

(2,1,3,1,3,0,1,3),(2,1,3,1,3,3,3,3),(2,1,3,1,1,1,0,1),(2,1,3,1,1,2,2,1),

(0,1,3,3,0,2,1,3),(0,1,3,3,3,1,3,2),(0,1,3,3,2,3,0,1),(0,1,3,3,1,0,2,0),

(2,0,2,1,0,2,1,3),(2,0,2,1,3,1,3,2),(2,0,2,1,2,3,0,1),(2,0,2,1,1,0,2,0),

(3,2,1,2,0,2,1,3),(3,2,1,2,3,1,3,2),(3,2,1,2,2,3,0,1),(3,2,1,2,1,0,2,0),

(1,3,0,0,0,2,1,3),(1,3,0,0,3,1,3,2),(1,3,0,0,2,3,0,1),(1,3,0,0,1,0,2,0),

(0,0,0,0,0,0,1,2),(0,0,0,0,0,3,3,2),(0,0,0,0,2,1,0,0),(0,0,0,0,2,2,2,0),

(0,2,3,0,0,0,1,2),(0,2,3,0,0,3,3,2),(0,2,3,0,2,1,0,0),(0,2,3,0,2,2,2,0),

(2,1,1,2,0,0,1,2),(2,1,1,2,0,3,3,2),(2,1,1,2,2,1,0,0),(2,1,1,2,2,2,2,0),

(2,3,2,2,0,0,1,2),(2,3,2,2,0,3,3,2),(2,3,2,2,2,1,0,0),(2,3,2,2,2,2,2,0),

(3,2,1,0,1,0,1,1),(3,2,1,0,1,3,3,1),(3,2,1,0,3,1,0,3),(3,2,1,0,3,2,2,3),

(1,3,0,2,1,0,1,1),(1,3,0,2,1,3,3,1),(1,3,0,2,3,1,0,3),(1,3,0,2,3,2,2,3),

(0,0,2,1,1,0,1,1),(0,0,2,1,1,3,3,1),(0,0,2,1,3,1,0,3),(0,0,2,1,3,2,2,3),

(2,1,3,3,1,0,1,1),(2,1,3,3,1,3,3,1),(2,1,3,3,3,1,0,3),(2,1,3,3,3,2,2,3),

(3,2,1,0,1,1,1,3),(3,2,1,0,1,3,2,3),(3,2,1,0,3,0,0,1),(3,2,1,0,3,2,3,1),

(1,3,0,2,1,1,1,3),(1,3,0,2,1,3,2,3),(1,3,0,2,3,0,0,1),(1,3,0,2,3,2,3,1),

(0,0,2,1,1,1,1,3),(0,0,2,1,1,3,2,3),(0,0,2,1,3,0,0,1),(0,0,2,1,3,2,3,1),

(2,1,3,3,1,1,1,3),(2,1,3,3,1,3,2,3),(2,1,3,3,3,0,0,1),(2,1,3,3,3,2,3,1),

(3,0,1,3,0,2,1,3),(3,0,1,3,3,1,3,2),(3,0,1,3,2,3,0,1),(3,0,1,3,1,0,2,0),

(3,3,3,3,0,2,1,3),(3,3,3,3,3,1,3,2),(3,3,3,3,2,3,0,1),(3,3,3,3,1,0,2,0),

(1,1,0,1,0,2,1,3),(1,1,0,1,3,1,3,2),(1,1,0,1,2,3,0,1),(1,1,0,1,1,0,2,0),

(1,2,2,1,0,2,1,3),(1,2,2,1,3,1,3,2),(1,2,2,1,2,3,0,1),(1,2,2,1,1,0,2,0),

(0,1,0,2,0,0,1,2),(0,1,0,2,0,3,3,2),(0,1,0,2,2,1,0,0),(0,1,0,2,2,2,2,0),

(0,2,2,2,0,0,1,2),(0,2,2,2,0,3,3,2),(0,2,2,2,2,1,0,0),(0,2,2,2,2,2,2,0),

(2,0,1,0,0,0,1,2),(2,0,1,0,0,3,3,2),(2,0,1,0,2,1,0,0),(2,0,1,0,2,2,2,0),

(2,3,3,0,0,0,1,2),(2,3,3,0,0,3,3,2),(2,3,3,0,2,1,0,0),(2,3,3,0,2,2,2,0),

(1,1,1,3,0,2,1,3),(1,1,1,3,3,1,3,2),(1,1,1,3,2,3,0,1),(1,1,1,3,1,0,2,0),

(1,3,2,3,0,2,1,3),(1,3,2,3,3,1,3,2),(1,3,2,3,2,3,0,1),(1,3,2,3,1,0,2,0),

(3,0,0,1,0,2,1,3),(3,0,0,1,3,1,3,2),(3,0,0,1,2,3,0,1),(3,0,0,1,1,0,2,0),

(3,2,3,1,0,2,1,3),(3,2,3,1,3,1,3,2),(3,2,3,1,2,3,0,1),(3,2,3,1,1,0,2,0),

(1,2,1,0,2,2,1,3),(1,2,1,0,3,1,3,0),(1,2,1,0,0,3,0,1),(1,2,1,0,1,0,2,2),

(3,3,0,2,2,2,1,3),(3,3,0,2,3,1,3,0),(3,3,0,2,0,3,0,1),(3,3,0,2,1,0,2,2),
(0,0,2,3,2,2,1,3),(0,0,2,3,3,1,3,0),(0,0,2,3,0,3,0,1),(0,0,2,3,1,0,2,2),
(2,1,3,1,2,2,1,3),(2,1,3,1,3,1,3,0),(2,1,3,1,0,3,0,1),(2,1,3,1,1,0,2,2).

可以验证,Ψ_8 确实是一个团图. 由 Corrádi 和 Szabó 的判别法定理得证.

注 15.1 至此,Keller 猜想只剩 $n=7$ 的情况没有解决.

注 15.2 O. H. Keller (1906～1990),德国著名数学家. 于 1929 年在 M. Dehn 的指导下获博士学位. 曾任柏林工业大学和德累斯顿大学教授、前东德科学院院士和前东德数学会主席. 他在几何学、代数几何和拓扑学等领域做出了重要贡献,共发表论著 50 余篇.

最后,介绍 Minkowski 猜想的另外一个推广——Furtwängler 猜想. 假设 I^n+X 是一族单位立方体. 如果 E^n 中任一不属于这些立方体的边界的点都恰好属于其中的 k 个立方体,就称 I^n+X 为 E^n 的一个 k 重平铺. 特别地,如果 X 是一个格,那么就称 I^n+X 为一个 k 重格平铺. 当然,1 重平铺就是平铺,而且平铺的简单重叠自然会产生多重平铺. 下面的例子给出一种另外的多重格平铺.

例 15.1 假设 $I^n+\Lambda$ 是一个格平铺,k 为

一个自然数. 那么 $I^n+\frac{1}{k}\Lambda$ 是 E^n 的一个 k^n 重格平铺.

当然,多重格平铺是格平铺的一个自然推广. 所以人们也会自然地在这一方向推广 Minkowski 猜想. 早在 1936 年,奥地利著名数学家 Furtwängler 明确提出了如下猜想并证明了它的三维情况:

Furtwängler 猜想 在多重格平铺 $I^n+\Lambda$ 中一定有共面对.

几年过后,在对 Furtwängler 的工作完全不知情的情况下,Hajós 也研究了这一问题. 他首先将其转换为如下的代数形式并证明了三维的情况,然后否定了所有的高维情况:

Furtwängler 猜想* G 是一个有限 Abel 群,$A_1,A_2,\cdots,A_n$ 为 n 个循环集①. 如果 G 中的每一个元素 g 都能够表示为恰好 k 种不同的形式

$$g=a_1a_2\cdots a_n,$$

其中,$a_i\in A_i$. 那么必有一个集合 A_i 是 G 的循环子群.

① $A_i=\{1,g_i,g_i^2,\cdots,g_i^{q_i-1}\}$.

下面来介绍 Furtwängler 和 Hajós 的定理与反例.

定理 15.3(Furtwängler 和 Hajós)　假设 k 为一个自然数,G 为一个有限 abel 群,A_1,A_2 和 A_3 为 3 个循环集. 如果 G 中的每一个元素 g 都能够表示为恰好 k 种不同的方式

$$g = a_1 a_2 a_3,$$

其中,$a_i \in A_i$. 那么这 3 个循环集中必有一个为循环群.

证明　如前面所说,用 $\mathscr{R}(G)$ 表示由 G 所产生的群环. 另外,为了方便,对 G 的一个子集 A 定义

$$\widetilde{A} = \sum_{a \in A} a.$$

这样,定理中的假设就可以重述为

$$k\widetilde{G} = \widetilde{A}_1 \cdot \widetilde{A}_2 \cdot \widetilde{A}_3. \tag{15.1}$$

由于 $A_i = \{1, g_i, \cdots, g_i^{q_i - 1}\}$,可以导出

$$k\widetilde{G} \cdot (1 - g_i) = k\widetilde{G} - k\widetilde{G} = 0$$

和

$$\widetilde{A}_i \cdot (1 - g_i) = 1 - g_i^{q_i}.$$

所以,将(15.1)的两边都乘以$(1-g_1)(1-g_2)(1-g_3)$,得到

$$(1 - g_1^{q_1}) \cdot (1 - g_2^{q_2}) \cdot (1 - g_3^{q_3}) = 0. \tag{15.2}$$

为了方便,记 $x_i = g_i^{q_i}$,这时 (15.2)变为

$$x_1 + x_2 + x_3 + x_1x_2x_3 = 1 + x_1x_2 + x_2x_3 + x_1x_3. \tag{15.3}$$

如果 $x_i = 1$ 对某一个指标成立,那么定理得证.假设对 3 个指标都有 $x_i \neq 1$,那么由(15.3)得到

$$\begin{cases} x_1x_2x_3 = 1, \\ x_1x_2 = x_3, \\ x_1x_3 = x_2, \\ x_2x_3 = x_1 \end{cases} \tag{15.4}$$

以及

$$x_1^2 = x_2^2 = x_3^2 = 1. \tag{15.5}$$

将(15.1)的两边乘以$(1-g_2)(1-g_3)$得到 $0 = \widetilde{A}_1 \cdot (1-g_2^{q_2}) \cdot (1-g_3^{q_3}) = \widetilde{A}_1 \cdot (1-x_2) \cdot (1-x_3)$,从而由(15.4)得到

$$\begin{aligned} \widetilde{A}_1 \cdot (x_2 + x_3) &= \widetilde{A}_1 \cdot (1 + x_2x_3) \\ &= \widetilde{A}_1 \cdot (1 + x_1). \end{aligned} \tag{15.6}$$

显然,(15.6)右边的每一项都属于循环群$\langle g_1 \rangle$,所以它左边的每一项也都属于$\langle g_1 \rangle$,从而 x_2 和 x_3 都属于$\langle g_1 \rangle$.

如果$|g_1|$是一个奇数,那么 $x^2 = 1$ 在$\langle g_1 \rangle$中只有一个解 $x = 1$.所以由(15.5)得到了

$$x_1 = x_2 = x_3 = 1.$$

定理成立.

如果$|g_1|=2l$,那么$x^2=1$在$\langle g_1\rangle$中有两个解$x=1$和$x=g_1^l$.这时由(15.4)和(15.5)得到

$$x_i = 1$$

必对某一指标成立.在这种情况下定理也成立.

总结以上情况,定理得证.

定理 15.4(Hajós) 如果$n\geqslant 4$,那么Furtwängler猜想对某些k不成立.

证明 首先证明命题:如果猜想对n和k不成立,那么它对$n+1$和$2k$也不成立.假设

$$k\widetilde{G} = \widetilde{A}_1 \cdot \widetilde{A}_2 \cdot \cdots \cdot \widetilde{A}_n, \qquad (15.7)$$

并且任一循环集都不是循环群.如果

$$A_1 = \{1, g_1, \cdots, g_1^{q_1-1}\},$$

容易看出$A_{n+1}=\{1,g_1\}$是一个循环集但不是循环群.所以由(15.7)得到

$$\widetilde{A}_1 \cdot \widetilde{A}_2 \cdot \cdots \cdot \widetilde{A_{n+1}} = k\widetilde{G} \cdot (1+g_1) = 2k\widetilde{G},$$

命题得证.

接下来构造一个$n=4$和$k=9$的反例.为了方便,记循环群$\{e^{\frac{2j\pi i}{k}}: j=1,2,\cdots,k\}$为$O_k$,其中,$i=\sqrt{-1}$.取$G=O_{12}\otimes O_2$,$g_1=(e^{\pi i/6},1)$和$g_2=(1,e^{\pi i})$.显然,有$|g_1|=12$和$|g_2|=2$.这时定义

$$A_1 = \{1, g_1, \cdots, g_1^5\},$$

$$A_2 = \{1, g_1 g_2, (g_1 g_2)^2, (g_1 g_2)^3\},$$

$$A_3 = \{1, g_1^2 g_2, (g_1^2 g_2)^2\}$$

和

$$A_4 = \{1, g_1^4 g_2, (g_1^4 g_2)^2\}.$$

容易验证，A_1，A_2，A_3 和 A_4 都是循环集，但不是循环子群，并且

$$\widetilde{A_1} \cdot \widetilde{A_2} \cdot \widetilde{A_3} \cdot \widetilde{A_4} = 9\widetilde{G}.$$

定理得证.

用几何的话讲，前面的两个定理可以重述为

定理 15.5 如果 $n \leqslant 3$，那么多重格平铺 $I^n + \Lambda$ 中一定有共面对；如果 $n \geqslant 4$，那么某些 k 重格平铺 $I^n + \Lambda$ 中就没有共面对.

至此，也许有人会认为关于立方体的多重格平铺已圆满解决了. 事实上，更伟大的发现还在后面. 于 1979 年，在 Hajós 的方法的基础上，美国数学家 Robinson 确定了在 n 维空间的 k 重立方体格平铺中 Furtwängler 猜想出现反例的所有 n 和 k. 他证明了如下定理：

定理 15.6(R. M. Robinson) n 维空间中存在一个 k 重格平铺 $I^n + \Lambda$，其中，没有共面对

当且仅当下面的情况之一发生：

(1) $n=4$ 且 k 能被一个奇素数的平方所整除；

(2) $n=5$ 且 $k=3$ 或 $k\geqslant 5$；

(3) $n\geqslant 6$ 且 $k\geqslant 2$.

注 15.3 Robinson 和 Szabó 等人也对一般的 k 重平铺 I^n+X 作了大量的研究. 然而，至今并没有完全解决这一问题. 对相关内容感兴趣的读者可以参见(Zong,2005). 对证明细节感兴趣的读者可以参见(Zong,2006).

注 15.4 R. M. Robinson (1911～1995)，美国著名数学家，曾任加州大学伯克利分校教授、美国科学院院士. 他是一个非常富有原创性的数学家，在数论、几何、组合学、复变函数论乃至数理逻辑都有重要贡献.

参考文献

Aigner M, Ziegler G M. 1999. *Proofs from THE BOOK*. Berlin: Springer.

Boltjanskii V G, Martini H, Soltan P. 1997. *Excursions into Combinatorial Geometry*. Berlin: Springer.

Brass P, Moser W, Pach J. 2005. *Research Problems in Discrete Geometry*. New York: Springer.

Böröczky Jr K. 2004. *Finite Packing and Covering*. Cambridge: Cambridge University Press.

Cassels J W S. 1959. *An Introduction to the Geometry of Numbers*. Berlin: Springer.

Conway J H, Sloane N J A. 1998. *Sphere Packings, Lattices and Groups*. New York: Springer.

Danzer L, Grünbaum B, Klee V. 1963. Helly's theorem and its relatives. Proc. Symp. Pure Math. 7: 101～180.

Eckhoff J. 1993. Helly, Radon, and Carathéodory type theorems. *Handbook of Convex Geometry* (edited by P. M. Gruber and J. M. Wills), 389～

448

Erdös P, Gruber P M, Hammer J. 1987. *Lattice Points*. London: Pitman.

Ericson T, Zinoviev V. 2001. *Codes on Euclidean Spheres*. Amsterdam: North-Holland.

Fejes Tóth L. 1972. *Lagerungen in der Ebene, auf der Kugel und im Raum*. Berlin: Springer.

Gruber P M, Lekkerkerker C G. 1987. *Geometry of Numbers*. Amsterdam: North-Holland.

Gruber P M. 2007. *Convex and Discrete Geometry*. Berlin: Springer.

Grünbaum B. 1963. Borsuk's problem and related questions. *Proc. Symp. Pure Math.*, 7: 271～283.

Minkowski H. 1910. *Geometrie der Zahlen*. Chelsea.

Pach J, Agarwal P. 1995. *Combinatorial Geometry*. Wiley-Interscience.

Raigorodskii A M. 2001. Borsuk's problem and the chromatic numbers of some metric spaces. *Russian Math. Surveys*. 56: 103～139.

Rogers C A. 1964. *Packing and Covering*. Cambridge: Cambridge University Press.

Siegel C L. 1989. *Lectures on the Geometry of Numbers*. New York: Springer.

Zong C M. 1996. *Strange Phenomena in Convex and*

Discrete Geometry. New York:Springer.

Zong C M. 1999. *Sphere Packings*. New York:Springer.

Zong C M. From deep holes to free planes. Bull. Amer. Math. Soc. ,39:533～555.

Zong C M. 2005. What is known about unit cubes. *Bull. Amer. Math. Soc.* ,42:181～211.

Zong C M. 2006. *The Cube:A window to Convex and Discrete Geometry*. Cambridge: Cambridge University Press.

名 词 索 引